Joachim Kranz, Manfred Kuballa

Chemie im Alltag

POCKET THEMA

W0180242

SCRIPTOR

Die Autoren:
Manfred Kuballa und Joachim Kranz unterrichten Chemie und Physik
an einem Gymnasium. Spezielle Erfahrungen mit dem Verfassen
von Büchern hat Herr Kuballa als Schulbuch-Redakteur gesammelt.

 http://www.cornelsen.de

Gedruckt auf chlorfrei gebleichtem
Papier ohne Dioxinbelastung der Gewässer.

Bibliografische Information
Die Deutsche Bibliothek verzeichnet diese Publikation in der Deutschen
Nationalbibliografie; detaillierte bibliografische Daten sind im Internet über
http://dnb.ddb.de abrufbar.

Dieses Werk berücksichtigt die Regeln der reformierten Rechtschreibung
und Zeichensetzung.

5.	4.	3.	2.	1.	Die letzten Ziffern bezeichnen
07	06	05	04	03	Zahl und Jahr der Auflage.

© 2003 Cornelsen Verlag Scriptor GmbH & Co. KG, Berlin
Das Werk und seine Teile sind urheberrechtlich geschützt.
Jede Verwertung in anderen als den gesetzlich zugelassenen Fällen
bedarf deshalb der vorherigen schriftlichen Einwilligung des Verlags.
Redaktion: Stefan Giertzsch, Berlin
Zeichnungen: Manfred Kuballa, Berlin; Rainer Fischer, Berlin
Fotos: Dr. Andreas Konz, Göttingen (S. 69)
Typografie/Fotos: Rainer J. Fischer, Berlin
Umschlaggestaltung: Bauer+Möhring, Berlin,
unter Verwendung eines Fotos von Anja Möhring, Berlin
Druck und Bindung: Clausen & Bosse, Leck
Printed in Germany
ISBN 3-589-21692-1
Bestellnummer 216921

Inhalt

Chemie im Alltag

Fundamentum

Wasser und Luft

Die Anwesenheit von *Wasser* und *Luft* auf der Erde ist so selbstverständlich, dass kaum jemand daran denkt, dass es ohne sie kein Leben gäbe.

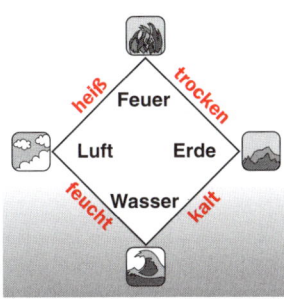

Dabei sind beide Stoffe nicht nur lebenserhaltend, sondern auch an vielen Vorgängen der so genannten *unbelebten* Natur beteiligt. Das ahnten schon die „alten Griechen", die „Wasser" und „Luft" neben „Feuer" und „Erde" als *Elemente*, d. h. als die Grundstoffe der Materie, bezeichneten.

Zusammensetzung von Wasser und Luft

Nach heutiger Definition ist Wasser kein ↗Element (S. 100) sondern eine ↗Verbindung (S. 101) der beiden Elemente Wasserstoff und Sauerstoff. Luft ist ein ↗Stoffgemisch (S. 102) verschiedener Gase:

Bestandteil	Anteil in der Luft /%
Stickstoff	78,10
Sauerstoff	20,93
Kohlenstoffdioxid	0,03
Edelgase und sonstige Gase	0,94

Von diesen Gasen sind an den Vorgängen in der belebten und unbelebten Natur im Wesentlichen nur *Sauerstoff* und *Kohlenstoffdioxid* beteiligt.

Wasser ist nicht gleich Wasser

Wasser ist der am meisten verbreitete Stoff auf der Erdoberfläche: Etwa drei Viertel der Erde sind damit bedeckt. 97,4 % findet sich in Meeren als *Salzwasser*. Von den verbleibenden 2,6 % *Süßwasser* ist der überwiegende Teil als Eis in Gletschern und in den Polregionen gebunden.

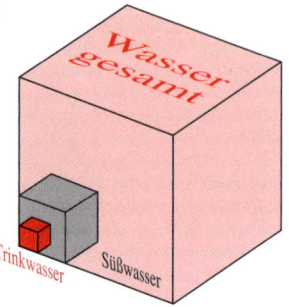

Nur 0,27 % des gesamten Wassers steht für die Herstellung von *Trinkwasser* zur Verfügung. Wir finden es oberirdisch in Quellen, Bächen, Flüssen und Seen als **Oberflächenwasser** und in unterirdischen Schichten als **Grundwasser**.

Die Bezeichnung „*Salzwasser*" besagt, dass Meerwasser gelöste ↗*Salze* (S. 110) enthält. Daher liegt nah, im Süßwasser gelösten Zucker zu vermuten, aber weit gefehlt: Auch das Süßwasser enthält gelöste Salze, jedoch in viel geringerem Umfang als das Meerwasser. Salzgehalt im Meerwasser (Ozeane): **3,5 %**. Salzgehalt im Süßwasser: **0,012 %**. Die Salze liegen in Lösung in Form freibeweglicher ↗Ionen (S. 123) vor, deren Hauptanteil folgende Tabelle zeigt.

Ionenkonzentration (mg/l)

Ionenart	Meerwasser (Ozeane)	Süßwasser (Mittelwert)
Natrium Na^+	11 000	7,2
Kalium K^+	380	1,4
Magnesium Mg^{2+}	1 300	3,7
Calcium Ca^{2+}	410	14,7
Chlorid Cl^-	19 000	8,3
Sulfat SO_4^{2-}	2 730	11,5
Hydrogencarbonat HCO_3^-	146,4	59,1

Korrosion

Wenn Wasser und Luft an der technischen Umwelt „nagen" und deren Produkte verändern bzw. unbrauchbar machen, spricht man von *Korrosion*.

Ein bekanntes Beispiel für Korrosion ist das *Rosten* von Eisen und Stahl an feuchter Luft.

Was geschieht beim Rosten von Eisen?

Dabei findet zwischen dem Sauerstoff der Luft und Wasser auf der einen Seite und Eisen auf der anderen Seite eine ↗Redoxreaktion (S. 105) statt.

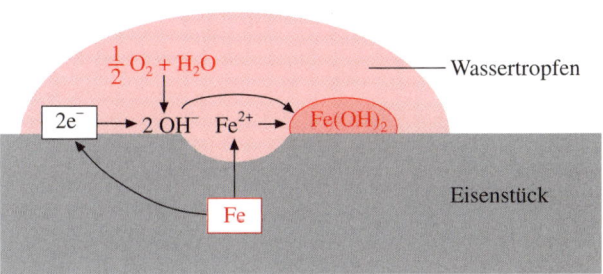

Im ersten Schritt wird das Eisen oxidiert und der in der Luft vorhandene Sauerstoff reduziert:

Oxidation: $2\,Fe \longrightarrow 2\,Fe^{2+} + 4\,e^-$

Reduktion: $O_2 + 2\,H_2O + 4\,e^- \longrightarrow 4\,OH^-$

Die bei der Redoxreaktion entstandenen Eisen- und Hydroxid-Ionen sind frei beweglich und reagieren zu unlöslichem Eisen(II)-hydroxid.

$2\,Fe^{2+} + 4\,OH^- \longrightarrow 2\,Fe\,(OH)_2$

Da auch Eisen(II)-verbindungen eine große Oxidations-neigung haben, reagiert das Eisen(II)-hydroxid mit weite-rem Sauerstoff zu einer rostbraunen Eisen(III)-verbindung:

$$2\,Fe\,(OH)_2 + \tfrac{1}{2}\,O_2 \longrightarrow 2\,FeO\,(OH) + H_2O$$

Der entstandene Rost bildet auf der Metalloberfläche eine poröse Schicht und ist deshalb wasser- und luftdurchlässig. Aus diesem Grund setzt sich der Rostvorgang fort, bis das gesamte Metall korrodiert ist.

Kontaktkorrosion – Wasserrohrbruch auf Bestellung

Vor ca. 100 Jahren wurden Wasserrohre aus Blei hergestellt, weil man sie so gut biegen kann. Dann folgten Rohre aus verzinktem Eisen und schließlich aus Kupfer. So findet man in Altbauten häufig noch alle drei Sorten, die mehr oder weniger fachmännisch miteinander verbunden sind.

Nun kommt es immer dort, wo zwei *verschiedene* Metalle in direktem Kontakt sind und mit einem sauerstoffhaltigen Medium in Berührung stehen, zu besonders heftigen Korrosionsvorgängen. Dabei korrodiert immer das Metall, das in der ↗Redoxreihe (S. 106) das *unedlere* ist.

Im Falle der genannten Wasserrohre ist es daher nur eine Frage der Zeit, bis es am Übergang zwischen zwei Metall-sorten zum Bruch kommt.

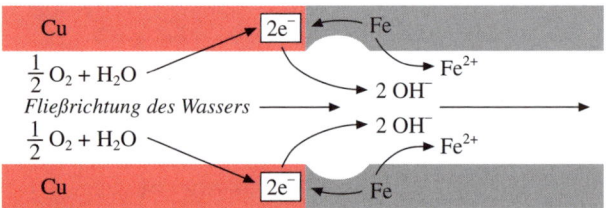

Die Korrosion des Eisens wird dadurch beschleunigt, dass das edlere Kupfer die bei der Oxidation abgegebenen Elektronen ableitet und für die Reduktion des Mediums zur Verfügung stellt.

Korrosionsschutz mit Opfern

Dass man eine Metalloberfläche am besten mit einer Schicht aus *Lack* überzieht, um sie vor Korrosion zu bewahren, ist klar. Dass man dafür auch *Metalle* nimmt, die noch korrosionsanfälliger sind als das zu schützende, ist dagegen nicht so leicht einzusehen.

Dennoch ist z.B. verzinktes Eisen *besser* gegen Rosten geschützt als nicht verzinktes:

Normalerweise bildet das Zink mit dem Luftsauerstoff eine dünne und relativ beständige Schicht von Zinkoxid.

$$2\,Zn + O_2 \longrightarrow 2\,ZnO$$

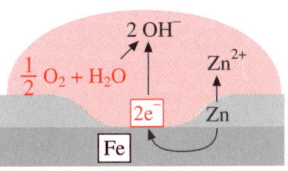

Wird jedoch die Oberfläche beschädigt, dringt das korrodierende Medium bis zum Eisen vor. Dieses wird trotzdem durch das Zink geschützt, da dieses als das unedlere Metall in Lösung geht.

Das Eisen wird somit durch die Abgabe „fremder" Elektronen an das Medium vor der eigenen Korrosion bewahrt, während sich das Zink „aufopfert".

Demselben Prinzip folgt auch der Korrosionsschutz bei Schiffskörpern aus Stahl in der Nähe der Schiffsschraube: Da diese meist aus Bronze und somit aus einem *edleren* Metall als Eisen besteht, werden auf dem Stahlkörper Metallplatten aus Zink angebracht, das noch unedler ist als Stahl und sich daher auflöst.

Warum „rostet" Aluminium nicht?

Aluminium ist viel unedler als Eisen ($\nearrow$Redoxreihe S.106) und müsste daher an der Luft viel schneller korrodieren. Es ist ein begehrter Werkstoff, denn es ist erstaunlich widerstandsfähig gegenüber atmosphärischen Einflüssen und eignet sich daher als Außenhaut repräsentativer Bauten. Dabei wird die Oberfläche von Aluminium durch den Sauerstoff der Luft sehr schnell oxidiert:

$$4\,Al\ +\ 3\,O_2\ \longrightarrow\ 2\,Al_2O_3$$

Das entstehende *Aluminiumoxid* bildet im Unterschied zum Rost eine dichte und luft- bzw. wasserundurchlässige Schicht. Da Aluminiumoxid ein ausgesprochen *reaktionsträger* Stoff ist, wird so das Metall vor weiterer Korrosion geschützt.

Die Oxidschicht ist jedoch nur einige Tausendstel Millimeter dick und kann daher mechanisch leicht beschädigt werden. Beim ELOXAL-Verfahren (**el**ektrolytisch **ox**idiertes **Al**uminium) wird die Schichtdicke mit Hilfe der *Elektrolyse* ($\nearrow$S. 122) auf etwa das Dreißigfache verstärkt:

An dem als Anode ($\nearrow$S. 122) geschalteten Werkstück aus Aluminium scheidet sich der bei der Elektrolyse von Schwefelsäure entstehende Sauerstoff ab und oxidiert das Aluminium zu weiterem Aluminiumoxid. Im Unterschied zu der ursprünglichen Sperrschicht besitzt diese künstlich erzeugte Oxidschicht mikroskopisch feine Poren, die ein *Färben* der Oberfläche ermöglichen.

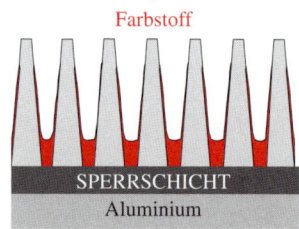

anodisch erzeugte Oxidschicht
Farbstoff
SPERRSCHICHT
Aluminium

Kupfer – ein Edelmetall?

Sollte man meinen, denn Kupfer steht in der Redoxreihe (↗S. 106) „rechts" vom Wasserstoff.

Dennoch wird ein neu verlegtes Dach aus Kupferblech schnell matt und überzieht sich mit einer *schwarzen* Schicht, die nach längerer Zeit sogar *grün* wird.

Zunächst bildet Kupfer mit Sauerstoff eine dünne Schicht aus schwarzem ***Kupferoxid***, das die Metalloberfläche matt erscheinen lässt:

$$2\,Cu + O_2 \longrightarrow 2\,CuO$$

Dieses Oxid hat zwei besondere Eigenschaften:

- Die Schicht aus Kupferoxid ist im Gegensatz zum Aluminiumoxid *luftdurchlässig*. Dadurch wird sie immer dicker und damit auch dunkler.
- Kupferoxid ist „anfällig" gegenüber sauren Einflüssen.

Daher reagiert es schon mit dem schwach kohlensauren Regen (↗S. 13) zu basischem Kupfercarbonat, das auf Kupferdächern die bekannte grüne Patina bildet:

$$2\,CuO + CO_2 + H_2O \longrightarrow Cu(OH)_2 \cdot CuCO_3$$

> **Hinweis:** Die dafür häufig verwendete Bezeichnung „Grünspan" trifft hier nicht zu. Dieser Stoff ist zwar ebenfalls das Ergebnis einer Korrosion von Kupfer; er entsteht jedoch in Gegenwart von Luftsauerstoff durch Einwirken eines *essigsauren* Mediums.
>
> $$2\,CuO + 2\,CH_3COOH \longrightarrow Cu(OH)_2 \cdot (CH_3COO)_2Cu$$

Daher sollte man essighaltige Speisen nicht über längere Zeit mit Kupfergefäßen oder mit Besteck aus Neusilber (einer kupferhaltigen Legierung) in Berührung bringen, weil Grünspan giftig ist.

Wie kommt der Kalk ins Wasser?

Leitungswasser aus dem Wasserhahn ist farblos und durchsichtig klar. Das bleibt aber nicht immer so:

- Ein mit kaltem Wasser abgespültes Glas zeigt nach dem Verdunsten des Wassers unansehnliche „Wasserflecken".
- Der Auslauf des Wasserhahns hat nach einer bestimmten Zeit eine weiße Kruste.
- Im Wasserkocher bildet sich ein grauweißer blättriger Belag.

„Schuld" daran ist der im Wasser enthaltene **Kalk**. Doch wo kommt dieser her und warum sieht man ihn im frischen Leitungswasser nicht?

Was ist eigentlich Kalk?

Die Bezeichnung „Kalk" umfasst vier verschiedene Stoffe, die nur eines gemeinsam haben: Sie sind Verbindungen des Calciums.

- Gebrannter *Kalk* ist festes Calcium*oxid*, CaO. Gelöschter *Kalk* ist festes Calcium*hydroxid*, $Ca(OH)_2$. Beide Stoffe finden Verwendung in der Bauwirtschaft.
- *Kalkstein* ist festes Calciumcarbonat, $CaCO_3$. Er ist der Hauptbestandteil vieler Gebirge und findet sich auch im durch Erosion dieser Gebirge gebildeten Boden wieder.

- Der *Kalk* im Wasser ist gelöstes Calciumhydrogencarbonat, $Ca(HCO_3)_2$.

Die beiden letzten Stoffe haben etwas mit dem vorliegenden Thema zu tun.

Von der Wolke zum Wasserhahn

Fällt Regen vom Himmel auf die Erde, löst er immer etwas Kohlenstoffdioxid aus der Luft, in der es zu einem geringen Anteil enthalten ist. Da beide Stoffe zu ↗Kohlensäure reagieren (S. 107), ist der Regen immer etwas sauer:

$$H_2O + CO_2 \longrightarrow H_2CO_3$$
Bildung von Kohlensäure

$$H_2CO_3 + H_2O \longrightarrow \mathbf{H_3O^+} + HCO_3^-$$
Protolyse von Kohlensäure

Hinweis: Diese schwach saure Eigenschaft des Regens hat nichts mit dem so genannten ↗*sauren Regen* (S. 19) zu tun. Dafür sind die Abgase von Industrie und Verkehr *Schwefeldioxid* und *Stickoxide* verantwortlich.

Fällt nun dieses schwach saure Regenwasser auf Gebirge oder Boden, die kalkhaltig sind, löst sich das darin enthaltene Calciumcarbonat auf:

$$CaCO_3 + H_3O^+ + HCO_3^- \longrightarrow Ca^{2+} + 2\ HCO_3^- + H_2O$$

Die gebildeten Calcium- und Hydrogencarbonat-Ionen bleiben im Wasser gelöst.

Hinweis: Alle Carbonate reagieren mit Säuren zu wasserlöslichen Produkten. Deshalb sollte man z. B. Marmorplatten niemals mit Essig oder Salzsäure reinigen!

Das so entstandene kalkhaltige Wasser ist vollkommen klar und man sieht ihm nicht an, dass etwas darin gelöst ist. Es sammelt sich anschließend in Quellen, Bächen und Flüssen, um dann irgendwann ins Meer zu fließen.

Auf dem Weg dorthin versickert ein Teil und wird zu *Grundwasser*. Dabei kann es je nach Boden- und Gesteinsart weiteres Calciumcarbonat lösen. Dieses Grundwasser dient bekanntlich als Ausgangsstoff zur Herstellung von Trinkwasser und kommt auf diesem Wege in die Wasserleitungen von Industrie und Haushalt.

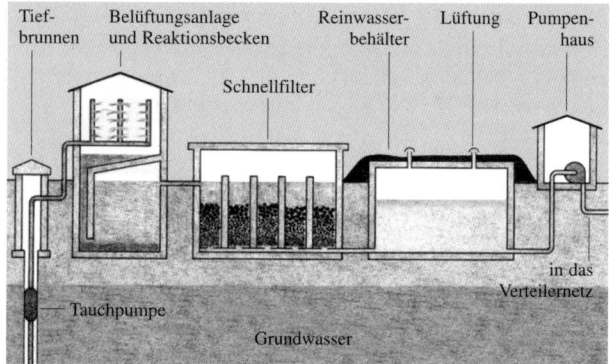

Unsichtbares wird wieder sichtbar

Das kalkhaltige Leitungswasser bleibt so lange unverändert, wie nicht folgende Situationen eintreten:
- Das Wasser verdunstet.
- Das Wasser wird erhitzt.

In beiden Fällen erfolgt eine *Umkehrung* der Bildungsreaktion von Calciumhydrogencarbonat, das sich wieder in wasserunlösliches Calciumcarbonat umwandelt und Kohlensäure freisetzt. Diese ist nicht beständig und zerfällt in ihre Ausgangsstoffe.

$$Ca^{2+} + 2\ HCO_3^- \longrightarrow \mathbf{CaCO_3} + H_2O + CO_2$$

Das Calciumcarbonat – der „Kalk" – bleibt dort, wo das Wasser verdunstet bzw. erhitzt wurde: als Kruste am Auslauf des Wasserhahns, als Fleck am Trinkglas, als Belag im Wasserkocher.

Weiches und hartes Wasser

Der Kalkgehalt des Leitungswassers ist regional unterschiedlich und hängt davon ab, welchen Weg das Wasser bis zum Verbraucher genommen hat.

Wenn es viel carbonathaltiges Material durchlaufen hat, bezeichnet man es als **hartes Wasser**, hat es hingegen nur wenig Calciumcarbonat aufgenommen, bezeichnet man es als **weiches Wasser**. Je nach Gehalt an gelöstem Kalk wird das Leitungswasser in vier **Wasserhärtebereiche** eingeteilt:

Härtebereich	Anteil BRD	Beispiel
1	14 %	Saarland
2	33 %	Schwarzwald
3	46 %	Berlin
4	7 %	Jura

Die **Wasserhärte** wird als Konzentration der gelösten Calcium-Ionen angegeben. Da ein geringer Teil dieser Ionen aus gelöstem ↗Calciumsulfat (S. 21) stammt, wird die Wasserhärte in zwei Bereiche aufgeteilt:

Die Konzentration, die aus gelöstem Calcium*carbonat* stammt, bezeichnet man als *temporäre Härte*.
Die Konzentration, die aus gelöstem Calcium*sulfat* stammt, bezeichnet man als *permanente Härte*.

Die Bezeichnung „temporär" besagt, dass die betreffenden Calcium-Ionen nur *vorübergehend* in der Lösung bleiben, solange nämlich das Wasser noch nicht verdunstet ist oder erhitzt worden ist.

Die Calcium-Ionen, die aus dem Calciumsulfat stammen, *bleiben* hierbei „permanent" gelöst.

Hinweis: Leitungswasser enthält neben Calcium-Ionen auch einen geringen Anteil an *Magnesium-Ionen*. Deren Konzentration wird zur Wasserhärte dazugezählt.

Hartes Wasser macht Ärger

Die störenden Wasserflecken an Trinkgläsern sind nicht weiter schlimm: Ein guter Gastwirt poliert seine Gläser, bevor er sie seinen Gästen vorsetzt.

Problematischer ist der Kalk, der sich dort absetzt, wo man nicht so leicht drankommt: in Kaffeeautomaten, Waschmaschinen, Heizungsrohren, Duschköpfen und weiteren Geräten, die mit heißem Wasser in Berührung kommen. Dort bildet sich nach einiger Zeit ein dicker Belag von Calciumcarbonat, so genannter *Kesselstein*, der zu unerfreulichen Ergebnissen führen kann:

- Die Rohrleitungen werden immer enger, so dass immer weniger Wasser durchfließen kann.

- Die Heizelemente in der Waschmaschine können die Wärme immer schlechter an das umgebende Wasser abgeben und brennen daher irgendwann durch.

Das ist sowohl unerfreulich als auch teuer. Zur Vermeidung solcher Folgen gibt es mehrere Möglichkeiten:

- Wasser sollte, wenn möglich, nicht höher als auf 60 °C erhitzt werden. Das gilt für alle Heißwasserbereiter, wie z. B. Boiler und Durchlauferhitzer.
- Kaffeemaschinen sollten von Zeit zu Zeit mit einem sog. *Entkalker* durchgespült werden. Dazu eignen sich ↗Carbonsäuren (S. 115) wie z. B. Ameisensäure und Citronensäure. Das Calciumcarbonat wird dabei von den ↗Oxonium-Ionen (S. 107) zersetzt:

$$CaCO_3 \ + \ 2\,H_3O^+ \ \longrightarrow \ Ca^{2+} + 3\,H_2O + CO_2$$

- Waschmittel enthalten Zusatzstoffe, so genannte **Kom-plexbildner** (↗S. 123), die die Calcium-Ionen im Leitungswasser binden und somit eine Bildung von festem Calciumcarbonat verhindern.
- Man kann das Leitungswasser, bevor es genutzt wird, durch einen **Ionentauscher** (↗S. 123) leiten, der die Calcium-Ionen gegen Oxonium-Ionen austauscht. Das so entstandene weiche Wasser eignet sich vor allem für den Betrieb von Heizungsanlagen.

Kalkwanderung in der Natur

Kalkablagerungen gibt es nicht nur beim Leitungswasser, sondern auch in der Natur.

Gelangt das kohlensaure Regenwasser beim Versickern im carbonathaltigen Boden in einen Hohlraum, entsteht eine *Tropfsteinhöhle*. Das Ergebnis ist im Prinzip dasselbe wie beim Auslauf des Wasserhahns: Dort, wo es in die Höhle tropft, bilden sich – im Lauf von Jahrmillionen – lange Säulen aus Calciumcarbonat, von oben die *Stalaktiten* und, ihnen entgegen, die *Stalagmiten*.

Es gibt auch Gegenden, in denen das kohlensaure Wasser aus dem vulkanischen Innern der Erde an die Oberfläche gelangt und dabei carbonathaltiges Gestein auflöst.

Dort, wo das Wasser verdunstet, bilden sich im Laufe der Zeiten erhebliche Ablagerungen von Calciumcarbonat. Diese werden *Kalksinter* genannt.

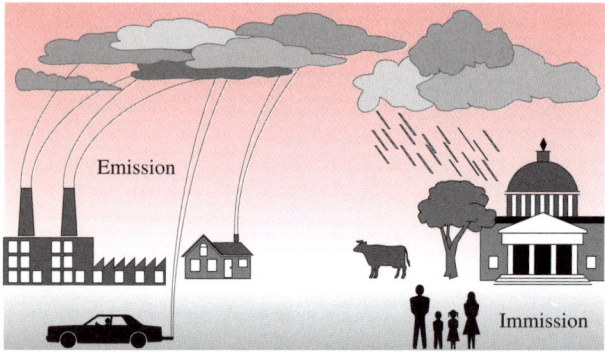

Die bei jeder Verbrennung freigesetzte *Wärmeenergie* wird vielfältig genutzt:
• zum Heizen in Haushalt und Gewerbe,
• zur Erzeugung elektrischer Energie in Kraftwerken,
• zur Bereitstellung von Prozesswärme in der Industrie,
• zum Antreiben von Kraftfahrzeugen.

Die Zusammensetzung der Luft ist daher leider nicht immer so, wie sie eigentlich sein sollte (↗S. 5):
• Durch die Verbrennung fossiler Brennstoffe nimmt der Anteil an *Kohlenstoffdioxid* ständig zu.
• Viele Brennstoffe enthalten Verbindungen des Schwefels, bei deren Verbrennung *Schwefeldioxid* entsteht.
• Verbrennungen, die bei hohen Temperaturen stattfinden, ermöglichen eine Reaktion des Sauerstoffs mit dem Stickstoff der Luft und somit die Bildung von *Stickstoffoxiden*:

$$N_2 + xO_2 \longrightarrow 2\,NO_x \qquad\qquad (x = 1,\, 2)$$

Diese ***Emission*** (lat. *emissio*: das Entsenden) von gasförmigen Verbrennungsprodukten führt nach einer ***Immission*** (lat. *immissio*: das Hineinlassen) bei verschiedenen Empfängern häufig zu nachteiligen Folgen.

Saurer Regen – was ist das?

Bedingt durch das natürliche Vorhandensein von Kohlenstoffdioxid in der Luft war Regenwasser schon immer etwas sauer (↗S. 13).

Ebenso wie Kohlenstoffdioxid reagieren jedoch auch Schwefeldioxid und Stickoxide mit dem Regenwasser und unter Einwirkung des Luftsauerstoffs zu Säuren:

$$2\ H_2O\ +\ 2\ SO_2\ +\ O_2\ \longrightarrow\ 2\ H_2SO_4$$

Bildung von *Schwefelsäure*

$$2\ H_2O\ +\ 4\ NO_2\ +\ O_2\ \longrightarrow\ 4\ HNO_2$$

Bildung von *Salpetersäure*

Beide Säuren erleiden in wässriger Lösung eine fast vollständige ↗Protolyse (S. 107), so dass schon geringe Mengen zu einer deutlichen Zunahme der ↗Oxonium-Ionen (S. 107) führen. Dadurch kann der ↗pH-Wert (S. 108) von Regenwasser, der normalerweise 5,0 – 6,0 beträgt, bis auf 4,0 sinken. Das bedeutet eine Zunahme der Konzentration von Oxonium-Ionen auf das Zehn- bis Hundertfache!

„Waldkiller" Schwefeldioxid

Die 80er Jahre des letzten Jahrhunderts bescherten der deutschen Sprache einen neuen Begriff: das ***Waldsterben***. Was war geschehen? Es war aufgefallen, dass zunächst nur Nadelbäume, später aber auch Laubbäume in zunehmendem Maße „erkrankten" und schließlich abstarben.

Nach längerer Diskussion scheint heute als gesichert, dass dafür das luftbelastende *Schwefeldioxid* verantwortlich ist.

Die baumschädigende Wirkung erfolgt dabei auf zweierlei Weise:

- Zum einen wird *gasförmiges* Schwefeldioxid über die Spaltöffnungen der Nadeln bzw. Blätter aufgenommen und zerstört die Stoffe, die die *Photosynthese* aus Kohlenstoffdioxid und Wasser ermöglichen. Dadurch kommt das Pflanzenwachstum schließlich zum Erliegen, das Wasser verdunstet aus den geschädigten Spaltöffnungen und der Baum vertrocknet.
- Zum anderen dringt der durch *gelöstes* Schwefeldioxid gebildete saure Regen in den Boden und setzt aus tonhaltigem Gestein *Aluminium-Ionen* frei, die auf die Baumwurzeln toxisch wirken. Dadurch werden diese so stark geschädigt, dass sie schließlich kein Wasser mehr aufnehmen können.

Das Ausmaß der Schädigung im Wurzelbereich wird dabei von zwei Faktoren bestimmt:
- Der im Boden enthaltene *Kalk* (Calciumcarbonat) reagiert mit den aus dem sauren Regen stammenden ↗Oxonium-Ionen (S. 107) und bewirkt dadurch eine *Verringerung* der Säurekonzentration.

$$CaCO_3 + 2\ H_3O^+ \longrightarrow Ca^{2+} + 3\ H_2O + CO_2$$

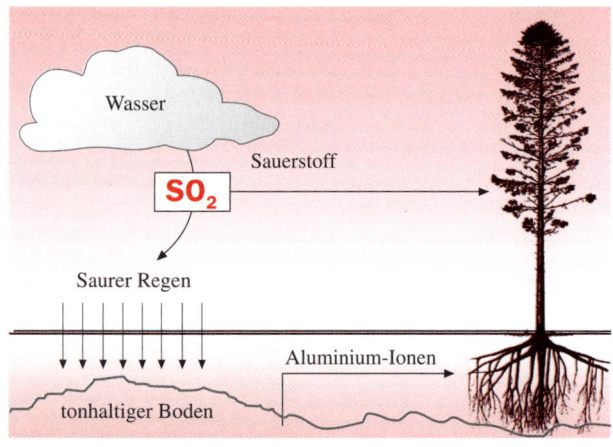

- In *Trockenperioden* führt eine Abnahme der Boden-feuchtigkeit zu einer *Erhöhung* der Säurekonzentration.

Demnach tritt die Schädigung der Baumwurzeln besonders stark bei *kalkarmen* Böden und in Zeiten *geringer Niederschläge* auf.

Denkmalschänder am Werk?

Nichts hält ewig – das gilt auch für Bauwerke. Dennoch fällt – anders als beim Waldsterben – auch dem ungeschulten Auge auf, dass vor allem in Stein gehauene Darstellungen von Mensch oder Tier mitunter bis zur Unkenntlichkeit entstellt sind.

Auch hierfür ist der saure Regen verantwortlich: Bei Bauwerken aus Kalkstein oder Sandstein reagiert die im Niederschlag gelöste Schwefelsäure mit dem Calciumcarbonat zu *Gips* (Calciumsulfat), der weiße Flächen bildet und – obwohl nur wenig wasserlöslich – durch nachfolgende Niederschläge leicht ausgewaschen wird.

$$CaCO_3 + 2\ H_3O^+ + SO_4^{2-} \longrightarrow \textbf{CaSO}_4 \cdot 2\ H_2O + H_2O + CO_2$$

Rettung in Sicht?

Sowohl bei den Kraftfahrzeugen (↗S. 96) als auch bei den Kraftwerken hat sich etwas getan, was in den vergangenen Jahren zu einem deutlichen Rückgang der Schadstoffemissionen geführt hat.

Praktisch jedes Kraftwerk verfügt inzwischen über eine Anlage zur *Rauchgasentschwefelung*, z. B. nach dem sog. Waschverfahren:

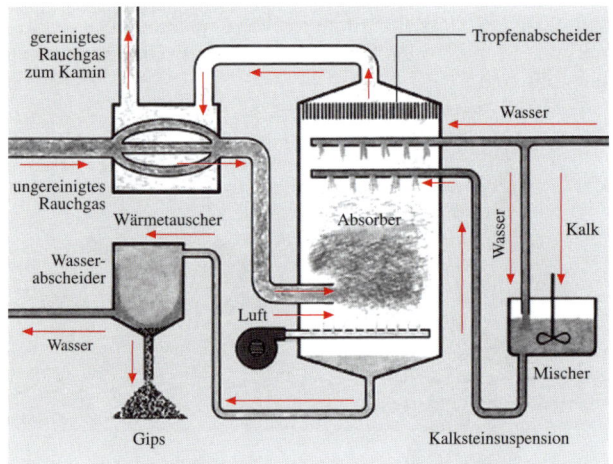

Auf das schwefeldioxidhaltige Rauchgas rieselt eine Suspension (↗S. 123) aus Wasser und gepulvertem Kalkstein, der mit dem Schwefeldioxid des Rauchgases und dem Sauerstoff der einströmenden Luft zu Calciumsulfat (Gips, ↗S. 21) reagiert, das in Wasser ebenfalls wenig löslich ist und daher mit dem Wasser erneut eine Suspension bildet:

$$2\ CaCO_3\ +\ 2\ SO_2 + O_2\ \longrightarrow\ 2\ \mathbf{CaSO_4}\ +\ 2\ CO_2$$

Der in großen Mengen anfallende Gips wird zunächst getrocknet und anschließend in der Baustoffindustrie vorwiegend zu Gipskartonplatten verarbeitet.

Viele Kraftwerke verfügen zusätzlich über eine Anlage zur **Rauchgasentstickung**, um die im Rauchgas enthaltenen Stickoxide zu entfernen.

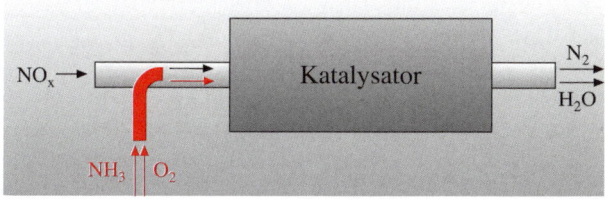

Das Rauchgas wird mit gasförmigem Ammoniak und Luftsauerstoff vermischt. Dabei reagieren die Stickoxide mit Hilfe eines Katalysators (↗S. 123) zu elementarem Stickstoff und Wasserdampf:

$$4\,NO + 4\,NH_3 + O_2 \longrightarrow 4\,N_2 + 6\,H_2O$$

$$6\,NO_2 + 8\,NH_3 \longrightarrow 7\,N_2 + 12\,H_2O$$

Klimaänderung durch Kohlenstoffdioxid?

„Gigantische Eisfläche fällt auseinander" – so eine Pressemeldung vom 19. 3. 2002.

Aus dem antarktischen Schelfeis hatte sich im Januar 2002 eine 3250 km² große und 200 m dicke Eisplatte gelöst und war später in Tausende von Eisbergen zerbrochen.

Ursache ist der seit Jahren zu beobachtende *Temperaturanstieg* in der Antarktis, der dort immer mehr Eis zum Schmelzen bringt.

Klimaforscher machen dafür den drastischen Anstieg von *Kohlenstoffdioxid* in der Atmosphäre verantwortlich, da dieses einen Teil der von der Erdoberfläche reflektierten Sonnenstrahlung absorbiert und somit eine Rückführung in den Weltraum verhindert.

Der daraus folgende sog. **Treibhauseffekt** führt zu einer Erwärmung der Atmosphäre und somit auch der Erdoberfläche.

Sauberes Wasser?

Nach tagelangem Ritt quer durch die staubtrockene Prärie endlich der ersehnte Fluss. Seite an Seite laben sich Cowboy und Pferd am lebenserhaltenden kristallklaren Wasser … Eine Szene aus ungezählten Western.

Zur Nachahmung jedoch nicht zu empfehlen, denn das Wasser in vielen Bächen, Flüssen und Seen ist mehr oder weniger stark verschmutzt und in diesem Zustand als Trinkwasser nicht zu gebrauchen.

Wasser – eine bewährte Müllkippe

Woher rührt die Wasserverschmutzung und warum ist gerade Wasser als Müllkippe so „beliebt"?

- Wasser ist ein ideales *Transportmittel*, nicht nur für Schiffe, sondern für alles, was man im *Haushalt* loshaben will: Fäkalien, Spül- und Waschmittelreste, manchmal auch Kompakteres.

- Wasser ist ein ideales *Lösemittel* für eine Vielzahl von Stoffen in der *Produktion*, vor allem der chemischen Industrie. Der größte Teil des benötigten Frischwassers wird dabei irgendwann wieder als Abwasser entlassen.

- Wasser ist ein idealer Wärmespeicher und wird daher als *Kühlmittel* in *Kraftwerken* verwendet. Auch wenn dabei im Prinzip keine Verschmutzung des Wassers erfolgt, so wird es doch stark *erwärmt*.

Oberflächenwasser · · · · · · · · · · · · · Abwasser

Der Weg des Wassers, *unabhängig* davon, wofür es im konkreten Fall verwendet wurde, führt letztendlich immer zum selben Ziel: zu einem *Fluss*, der alles, was man ihm aufbürdet, fortträgt, nach dem Motto „Aus den Augen, aus dem Sinn".

Unsichtbare Saubermacher
Natürliches Oberflächenwasser enthält eine Vielzahl unsichtbarer Bewohner, zumeist Bakterien, die sich von solchen Schmutzstoffen ernähren können, die man als *biologisch abbaubar* bezeichnet. Im Unterschied zur Luft besitzt also das Wasser die Fähigkeit zur *Selbstreinigung*.
Zu den abbaubaren Stoffen zählen vor allem im Abwasser enthaltene organische Stoffe: ↗Kohlenhydrate (S. 118), ↗Eiweißstoffe (S. 120) und ↗Fette (S. 117). Sie werden durch so genannte **aerobe Bakterien** mit Hilfe des im Wasser gelösten Sauerstoffs zu anorganischen Stoffen oxidiert:

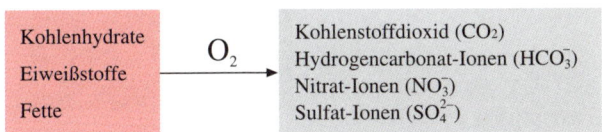

Außerdem werden bei dieser **Mineralisation** die in Phosphorsäureestern gebundenen *Phosphat-Ionen* (PO_4^{3-}) freigesetzt.

Zu viel Eifer schadet!

Die beim bakteriellen Abbau gebildeten Produkte stellen zunächst kein Problem dar – im Gegenteil: Die im Wasser lebenden Pflanzen benötigen genau diese Substanzen als *Nährstoffe* zum Wachsen.

Dieser Vorgang – die Bildung von pflanzlicher *Biomasse* – ist im Prinzip die *Umkehrung* des bakteriellen Abbaus: eine ⬈Reduktion (S. 105), bei der wieder Sauerstoff entsteht, den die im Wasser lebenden tierischen Organismen, z. B. Fische, zum Atmen benötigen.

Im Ganzen also ein ausgewogenes „Miteinander – Füreinander".

Eine starke Verschmutzung des Gewässers bringt jedoch dieses so schöne System durcheinander. Da die Bakterien alles für sie Verwertbare sofort mit großem Eifer verarbeiten und sich dabei noch rasant vermehren, verkehrt sich ihre im Prinzip sinnvolle Tätigkeit in ihr Gegenteil:

- Bei ihrem gefräßigen Treiben verbrauchen die Bakterien so viel Sauerstoff, dass den Fischen „die Luft ausgeht". Massives *Fischsterben* ist eine mögliche Folge.

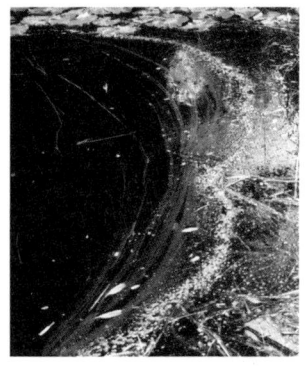

- Die hohe Konzentration gebildeter Nährstoffe führt zu einer so genannte *Eutrophierung* des Gewässers und damit zu einem vermehrten Pflanzenwachstum: Das Gewässer „verkrautet".

Das kann so weit gehen, dass sich die Pflanzen gegenseitig das *Licht* nehmen, das sie für ihr Wachstum benötigen, und daher absterben. Ein „gefundenes Fressen" für unsere Bakterien, jedoch mit fatalen Folgen! Der Sauerstoffgehalt des Wassers sinkt dabei so stark, dass sie schließlich selbst umkommen.

Den Rest besorgen so genannte **anaerobe Bakterien**, die für ihre Tätigkeit *keinen* Sauerstoff benötigen. Sie verarbeiten die Reste abgestorbener Organismen und die Nährstoffe zu gasförmigen Produkten, die zum Teil übel riechend und giftig sind: Das Gewässer ist tot.

Kohlenstoffdioxid (CO_2)
Hydrogencarbonat-Ionen (HCO_3^-) $\longrightarrow$ Methan (CH_4)
Nitrat-Ionen (NO_3^-) $\longrightarrow$ Ammoniak (NH_3)
Sulfat-Ionen (SO_4^{2-}) $\longrightarrow$ Schwefelwasserstoff (H_2S)

Klar ist nicht gleich rein!

Verschmutztes Wasser ist trüb, somit ist klares Wasser sauber und rein – doch leider stimmt das nicht immer:

• Das aus den Kraftwerken in die Flüsse abgegebene Kühlwasser wurde zwar nicht verschmutzt, hat jedoch möglicherweise eine zu hohe *Temperatur*. Dadurch verringert sich die *Löslichkeit* und damit die Konzentration des im Wasser gelösten Sauerstoffs, was wiederum zum *Fischsterben* führen kann.

• Zahlreiche schwedische Seen sind kristallklar bis auf den Grund und dennoch ohne jegliches Leben. Ursache ist der ↗*saure Regen* (S. 19), den der meist vorherrschende Westwind aus Großbritannien herbeiführt.

Die im Wasser lebenden Tiere und Pflanzen reagieren sehr empfindlich auf das Absinken des ↗*pH-Werts* (S. 108). Schon eine geringfügige Änderung kann das Aussterben einer Gattung herbeiführen. Bei Werten unter 4,5 ist kein Leben mehr möglich.

Durch die im Wasser enthaltenen Hydrogencarbonat-Ionen kann das Versauern des Gewässers im günstigen Falle noch etwas gebremst werden, da sie die vom sauren Regen eingebrachten ↗Oxonium-Ionen (S. 107) abfangen:

$$H_3O^+ + HCO_3^- \longrightarrow CO_2 + 2 H_2O$$

Es lächelt der See, er ladet zum Bade …

Viele Flüsse, wie der Rhein oder die Elbe, waren lange Zeit so stark verschmutzt, dass darin lebenden Fische, so sie überhaupt noch vorhanden waren, für den Verzehr nicht mehr zugelassen waren. Zahlreiche Betriebe, vor allem der *chemischen Industrie*, hatten über Jahre mehr oder weniger ungeklärtes Abwasser in die Flüsse gepumpt.

Inzwischen hat sich einiges zum Besseren verändert. Die Flüsse sind wieder sauberer geworden.

Kurzinfo: **Viel mehr als eine Bundeswasserstraße …**

Mehrere zehntausend Menschen wollen in über 50 Orten zwischen dem tschechischen Hradec Králové und Cuxhaven den ersten Internationalen Elbe-Badetag feiern. Aktionen sind unter anderem in Hamburg, Dessau, Meißen und Dresden geplant.

… Die Stilllegung vieler Industriebetriebe in Tschechien und der ehemaligen DDR sowie der Bau von Kläranlagen habe die Schadstoffeinleitungen erheblich reduziert. Heute könnten nach Angaben der Deutschen Umwelthilfe bereits wieder 94 Fischarten in der Elbe gefunden werden. 1992 waren es nur 50.

AUS: BERLINER ZEITUNG VOM 13.7.2002

In **Kläranlagen** wird der *natürliche* Vorgang der Selbstreinigung auf *technische Weise* nachgeahmt: Spezielle Bakterien zersetzen die Schmutzstoffe. Der dabei entstehende nährstoffreiche **Klärschlamm** setzt sich vom gereinigten Wasser ab und wird weiterverarbeitet:

anaerobe Zersetzung von Klärschlamm

Faulgas (Methan) → Verwendung als Brennstoff

Faulturm → abgefaulter Schlamm → zur Müllverbrennung

Klärschlamm →

Essen und Trinken

Was hält Leib und Seele zusammen – das Essen und das Trinken! Neben Wasser und Luft sind beide die wichtigsten lebenserhaltenden Faktoren.

Milchprodukte

Milch ist im Prinzip kein Getränk, sondern ein Nahrungsmittel – das weiß schon der Säugling –, in dem alle für das Wachstum und die Ernährung notwendigen Stoffe enthalten sind:

Inhaltsstoffe in 100 g Rohmilch (Kuhmilch)	
Eiweiß (Casein und Molkenproteine)	3,3 g
Kohlenhydrate (Lactose)	4,6 g
Fett	3,8 g
Mineralstoffe (Na, K, Ca, P, Fe)	0,4 g
Vitamine (A, B_1, B_2)	0,25 mg

Der Rest – ca. 88 % – ist im Prinzip Wasser.

Aus Rohmilch wird eine Vielzahl von Produkten hergestellt. Zuvor wird sie mehr oder weniger stark entrahmt:

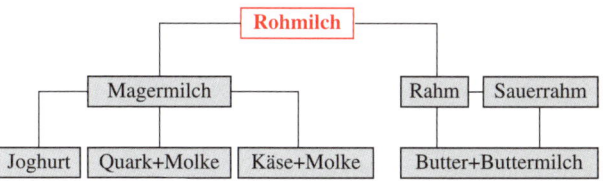

Warum wird die Kuh vor dem Melken „getreten"?

Während des Tages sammelt sich im Euter der Kuh immer mehr Milch, wodurch sich dort der Milchdruck ständig erhöht. Die Milch enthält zunächst nur *Lactose*, *Vitamine* und *Mineralstoffe*, während das *Fett* und das *Eiweiß*, durch eine semipermeable (halbdurchlässige) Wand getrennt, diese  beim herrschenden hohen Druck nicht durchdringen können.

Ein leichter Stoß gegen das Euter simuliert ein trinkwilliges Kalb, wodurch bei der Kuh ein Hormon ausgeschüttet wird, das den Milchfluss auslöst. Der dabei nachlassende Milchdruck ermöglicht nun den Übergang von Fett und Eiweiß in die Milch.

Damit wird verständlich, dass die Milch während des Melkvorgangs fett- und eiweißreicher wird. Die Hormonproduktion ist jedoch zeitlich begrenzt, deshalb sollte man beim Melken mit der Hand nicht trödeln.

Warum ist Milch milchig?

Sowohl das in der Milch enthaltene *Fett* wie auch das **Casein**, ein Stoffgemisch, das mit 76-86 % den Hauptbestandteil der Eiweißstoffe darstellt, sind in Wasser unlöslich und müssten sich daher in der Milch von der wässrigen Phase trennen. Stattdessen ist die Milch dauerhaft undurchsichtig – *milchig* eben.

Das *Milchfett* besteht aus ↗Triglyceriden (S. 117) mit einem relativ hohen Anteil an Buttersäure. In der Milch bildet es eine **Emulsion** (↗S. 122) kleiner Tröpfchen, die jeweils von einer Schicht aus polaren Eiweißmolekülen umgeben sind und dadurch daran gehindert werden, sich zu größeren Einheiten zusammenzuschließen.

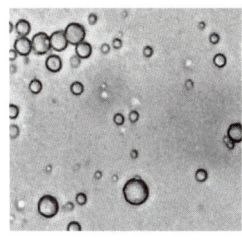
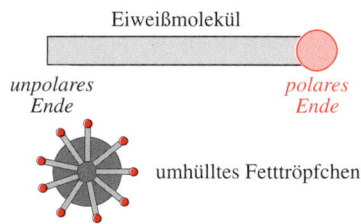

Eiweißmolekül

unpolares Ende

polares Ende

umhülltes Fetttröpfchen

In den Molekülen des *Caseins* sind ca. 200 Aminosäureeinheiten miteinander verknüpft (↗S. 121), darunter Einheiten von ↗Serin (S. 120), deren Hydroxylgruppen mit ↗Phosphorsäure (S. 107) ↗verestert (S. 116) sind. Diese Phosphatreste sind aufgrund der vorhandenen ↗Hydroxylgruppen (S. 113) stark ↗polar (S. 103).

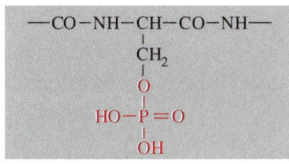

Veresterung von Serin

Micellenaggregate

Beim so genannten β-Casein sind praktisch *alle* diese polaren Einheiten benachbart und befinden sich am *Anfang* der ↗Aminosäurensequenz (S. 121). Dadurch haben die betreffenden Moleküle – ähnlich wie ↗Tensidmoleküle (S. 58) – einen polaren „Kopf" und ein unpolares Ende und gruppieren sich wie diese zu ↗**Micellen** (S. 59), die in der Milch aus etwa 20 000 Einzelmolekülen bestehen.

Mehrere solcher Micellen, die an den Phosphatresten mit Calcium-Ionen unlösliche *Salze* gebildet haben, lagern sich zu Aggregaten zusammen und bilden eine *Suspension* (↗S. 123). Bestimmte Arten des Caseins verhindern dabei eine Ausbildung größerer Aggregate, so dass diese deutlich kleiner als die Fetttröpfchen sind und sich in der Milch nicht absetzen.

Frischmilch oder H-Milch?

Die Rohmilch enthält unterschiedliche Arten von Bakterien und ist daher nicht lange haltbar. Außerdem könnten einige davon Krankheiten auslösen. Deshalb wird die Milch einer *Wärmebehandlung* unterzogen, bei der diese Keime mehr oder weniger vernichtet werden.

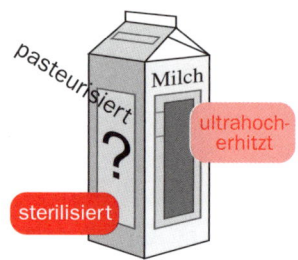

- Beim *Pasteurisieren* wird die Milch für etwa 30 Sekunden auf ca. 70 °C erhitzt. Das Produkt kommt als *Frischmilch* in den Handel.
- Beim *Ultrahocherhitzen* wird die Milch für 3 – 6 Sekunden auf etwa 150 °C erhitzt. Das Produkt kommt als *H-Milch* in den Handel.
- Beim *Sterilisieren* wird die Milch für 10 – 30 Minuten auf 120 °C erhitzt. Das Produkt kommt als Sterilmilch oder nach Eindicken als *Kondensmilch* in den Handel.

Die verschiedenen Verfahren und ihre Vor- und Nachteile:
- Je länger die Behandlungsdauer und je höher die Temperatur, desto länger die *Haltbarkeit* der Milch.
- Bei längerem und intensiverem Erwärmen geht der *Frischecharakter* der Milch verloren, weil die Molkenproteine beim Erwärmen gerinnen, sich zum Teil in schwefelhaltige *Aminosäuren* (↗S. 120) zersetzen und damit eine nachteilige Geschmacksveränderung bewirken.
- Längeres und intensiveres Erhitzen führt zu *Vitaminverlusten*.

Eigenschaft	Frischmilch	H-Milch
Haltbarkeit	bis 5 Tage	ungeöffnet 6 Wochen
Geschmack	frisch	flach
Vitaminverlust	10 %	20 %, bei langer Lagerung 40 %

Was heißt „homogenisiert"?

Wer noch die Möglichkeit hat, Milch direkt vom Bauernhof zu beziehen, weiß, dass sich nach längerem Stehen **Rahm** an der Milchoberfläche bildet. Ursache ist die Vereinigung der kleinen Fetttröpfchen zu größeren Einheiten, die dann nach oben steigen und sich absetzen.

Dieses Ergebnis ist beim Konsumenten häufig unerwünscht und ruft Abwehrreaktionen hervor („Iiih … Fett!").

Um dem abzuhelfen, gibt es zwei Möglichkeiten:

- Der Rahm wird abgezogen, um *Sahne* oder **Butter** herzustellen. Zurück bleibt dann fettarme (1,5 % Fett) bzw. entrahmte (0,3 % Fett) **Magermilch**.

- Die Milch wird unter Druck durch ein sehr feines Sieb gepresst. Dadurch werden die Fetttröpfchen zerkleinert und auf *gleiche* Größe gebracht: Sie werden *homogenisiert*.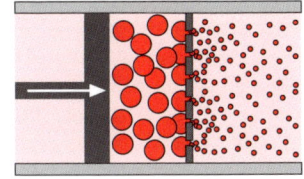

Beim Homogenisieren wird das Fett so fein verteilt, dass es sich nicht mehr absetzen kann. Da die Fetttröpfchen beim Zerkleinern zum Teil ihre Eiweißhülle verlieren, muss das Homogenisieren *nach* der jeweiligen Wärmebehandlung erfolgen. Sonst würde das Fett durch die vorhandenen Bakterien in kürzester Zeit *ranzig* werden.

Milch wird sauer

Milch, die nicht wärmebehandelt wurde, enthält unter anderem so genannte **Milchsäurebakterien**, die die in Milch enthaltene Lactose, ein ↗Disaccharid (S. 119), in *Milchsäure* umwandelt:

$$\text{Lactose} + H_2O \xrightarrow{\text{Milchsäurebakterien}} 4\ CH_3-\underset{\underset{OH}{|}}{CH}-C\overset{O}{\underset{OH}{\diagup}}$$

Erreicht der Säureanteil in der Milch 0,4 %, gerinnt (↗S. 121) das Casein und flockt aus, nicht jedoch die Molkenproteine *Lactalbumin* und *Lactoglobulin*. Das Produkt, das sich dabei entwickelt, ist **Sauermilch** bzw. „Dickmilch". Die darin enthaltene Milchsäure hat eine *konservierende* Wirkung, die die Vermehrung anderer Bakterien behindert.

Warum wird pasteurisierte Milch nicht mehr sauer?

Pasteurisierte und andere wärmebehandelte Milch wird in der Regel nicht mehr sauer, sondern bitter. Da die Bakterien – und damit auch die Milchsäurebakterien – beim Erhitzen zerstört worden sind, bleibt die Milch zwar länger frisch, aber nach einer gewissen Zeit gelangen von außen neue Bakterien in die Milch, unter anderem Fäulnisbakterien, deren Vermehrung durch den Mangel an Milchsäurebakterien nicht mehr behindert wird. Diese Fäulnisbakterien spalten das schwefelhaltige Casein zu übel riechenden und bitter schmeckenden Schwefelverbindungen.

Warum bekommt Milch beim Kochen eine Haut?

Wie beim ↗Ultrahocherhitzen (S. 32) führt das *Kochen* von Milch zu einem deutlichen Vitaminverlust (ca. 20 %).
Darüber hinaus bildet sich auf der Oberfläche eine mehr oder weniger dicke „Haut", die bei einer nicht geringen Zahl von Konsumenten einen ausgeprägten Ekel hervorruft. Ein Entfernen der Haut bringt nicht viel, da sich bei noch warmer Milch rasch eine *neue* bildet.
Ursache für die Bildung einer Milchhaut ist das in den Molkenproteinen enthaltene *Lactoglobulin*, das im Gegensatz zum wärmestabilen *Casein* beim Erhitzen gerinnt und sich an der Oberfläche der Milch wie auch an den heißen Wänden des Milchtopfs absetzt.

> **Hinweis:** Die Bildung einer Milchhaut kann nur dadurch verhindert werden, dass man die Milch bis zum völligen Abkühlen rührt und somit den Zusammenschluss des geronnenen Lactoglobulins unterbindet.

Molke – der Renner für ein gesundes Leben

Sucht man im Internet Beiträge zum Stichwort „Molke", erhält man ein Angebot von etwa 16 700 Adressen! In ihnen wird *Molke* als das Universalmittel angepriesen, um ein rundum gesundes Leben führen zu können:

- Molke hilft bei Verdauungsbeschwerden,
- Molke ist der ideale Stoff für Schlankheitskuren,
- ein tägliches Bad in Molke glättet die Haut und bekämpft Cellulite.

Molke war und ist nach wie vor ein *Abfallprodukt* bei der Herstellung von Käse und Quark. Sie stellt mit 90 % der eingesetzten Milch den Hauptanteil der Produktion dar.

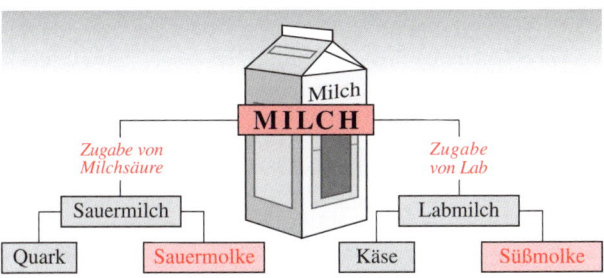

So fallen in Deutschland jährlich etwa 12 Millionen Tonnen Molke an. Bevor die Molke für den Wellness-Bereich entdeckt wurde, diente sie vor allem als Schweinefutter.

Sowohl bei der Herstellung von Quark als auch bei der Herstellung von Käse wird das Casein der Milch ausgefällt und von der verbleibenden Molke abgetrennt.

Dennoch unterscheiden sich die beiden Molkearten nicht nur im Geschmack:

- Beim Ausfällen des Caseins durch *Milchsäure* werden die im Casein gebundenen Calcium-Ionen *mobilisiert* und verbleiben beim Abtrennen des Quarks in der Molke.
- Beim Ausfällen des Caseins durch *Labenzym* (↗S. 123) bleiben hingegen die Calcium-Ionen an das Casein *gebunden* und befinden sich daher nach Abtrennen von der Molke im Käse.

Da vermutlich weit mehr Käse als Quark hergestellt wird, bleibt daher zu prüfen, ob der von der Werbung versprochene hohe Calciumgehalt der Molke (z. B. als Mittel gegen Osteoporose, das Brüchigwerden der Knochen) immer zutrifft.

Unstrittig ist der geringe Fettanteil und der damit verbundene geringe Energiegehalt (Brennwert) von Molke, der eine Verwendung für Schlankheitskuren sinnvoll erscheinen lässt.

Dasselbe Ziel ließe sich jedoch auch mit entrahmter *Sauermilch* erreichen.

100 ml enthalten				
	Brennwert	Eiweiß	Lactose	Fett
Vollmilch	282 kJ	3,3 g	4,8 g	3,5 g
Sauermilch (entrahmt)	147 kJ	3,4 g	4,5 g	0,3 g
Molke	89 kJ	0,6 g	4,2 g	0,2 g

Sauermilch hat darüber hinaus noch den Vorteil, dass sie das gesamte Eiweiß und somit auch das gesamte Calcium der Milch enthält.

Daher stellt sich die Frage, ob der hohe Umsatz an Molke nicht hauptsächlich das Ergebnis einer geschickten Verkaufsstrategie ist.

Der Joghurt und die rechtsdrehende Milchsäure

Joghurt ist ein Sauermilch-produkt, zu dessen Herstellung die Milch mit Kulturen spezieller Milchsäurebakterien geimpft wird, von denen bestimmte Vertreter aus der Lactose der Milch vorwiegend so genannte *rechtsdrehende Milchsäure* bilden.

Joghurt ist nicht thermisiert, daher:
Mit lebenden Kulturen
mit hohem Anteil an rechtsdrehender
L(+) Milchsäure (ca. 90%)

Was ist das und wer dreht sich da um wen?
Das Besondere an der Milchsäure ist, dass es davon zwei verschiedene Arten gibt, die sich in ihrer räumlichen Molekülstruktur unterscheiden:

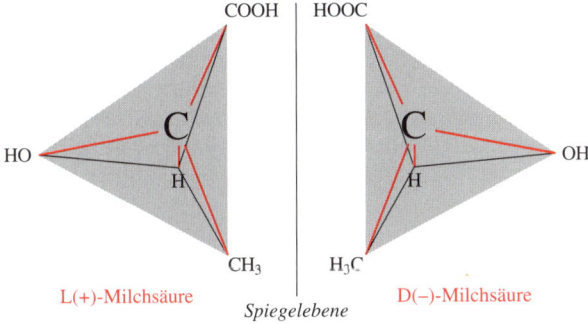

L(+)-Milchsäure   *Spiegelebene*   D(−)-Milchsäure

Beide Formen verhalten sich wie Bild und Spiegelbild und sind infolgedessen *nicht* deckungsgleich. Weiterhin zeigen beide die Besonderheit, dass ihre wässrigen Lösungen die Ebene von durchfallendem polarisiertem Licht (↗S. 123) in *unterschiedliche* Richtungen drehen.

Hinweis: Das Pluszeichen (+) steht für rechtsdrehend, die Minuszeichen (−) für linksdrehend.

Eine Einnahme von rechtsdrehender L(+)-Milchsäure hat mehrere Wirkungen:

- Der Herzmuskel kann diese Milchsäure direkt zur Energiegewinnung nutzen.
- Ein Teil der Milchsäure wird in der Leber zu Kohlenstoffdioxid und Wasser abgebaut.
- Ein anderer Teil wird als Energiespeicher zu Glucose aufgebaut.

Hinweis: Die rechtsdrehende L(+)-Milchsäure entsteht auch als Abbauprodukt der Glucose im menschlichen Muskel und ruft dort bei größeren Mengen den allseits bekannten *Muskelkater* hervor.

Die linksdrehende D(−)-Milchsäure kann dagegen vom Organismus *nicht* genutzt werden und ist dazu auch schwer abbaubar. Größere Mengen können zu Übersäuerung des Verdauungsapparats führen.

Wie viel der „gesunden" L(+)-Milchsäure in einem gekauften Joghurt jeweils enthalten ist, wird durch den Hinweis „überwiegend" nicht deutlich. Ist jedoch *kein* Hinweis auf dem Etikett zu finden, kann man wohl davon ausgehen, dass die im Joghurt vorhandene Milchsäure „überwiegend" *linksdrehend* ist.

Rezept zur Herstellung von Joghurt

1 Liter Milch wird bis zum Kochen erhitzt, anschließend im Wasserbad auf etwa 40 °C abgekühlt, etwa 50 g Joghurtkultur (bzw. Bio-Joghurt aus dem Reformhaus) zugesetzt und umgerührt.

Anschließend hält man den Ansatz mehrere Stunden auf 30 °C – 40 °C (Kochkiste), ohne nochmals umzurühren. Es bildet sich eine kompakte Masse ohne Abscheidung von Molke. Nach Fertigstellung den Joghurt in den Kühlschrank stellen.

Unser täglich Brot

Brot ist geradezu gleichbe-
deutend mit Essen, wie
schon der Text aus dem
Vater Unser nahe legt. Auch
Begriffe wie *Broterwerb* und
Brötchen verdienen zeigen
die Bedeutung von Brot für das Leben.

Woraus Brot gebacken wird

Brot wird bekanntlich aus Getreide gemacht, in unseren
Breiten immer aus **Weizen** und **Roggen**, manchmal auch aus
Dinkel, einer wieder eingeführten „Urform" des Weizens.
Die anderen Getreidearten dienen lediglich als Zusatz in so
genannten *Mehrkornbroten*.

Weizen   Roggen   Gerste   Hafer   Hirse

Prozentuale Zusammensetzung einiger Getreidearten						
Getreideart	Stärke	Cellulose	Eiweiß	Fett	Mineralien	Wasser
Weizen	67,7	1,8	12,0	1,9	1,6	15,0
Roggen	69,7	1,9	10,0	1,7	1,7	15,0
Hafer*)	57,1	11,1	10,9	5,5	3,5	12,0
Gerste*)	66,0	5,0	9,5	2,5	2,5	14,5

*) mit Spelzen

Hinweis: Die Körner von Weizen und Roggen lassen sich leicht voneinander unterscheiden. Das Weizenkorn ist rundlich und goldgelb, das
Roggenkorn ist länglich und graugrün.

Was bedeutet bei einem Mehl „Type 405"?

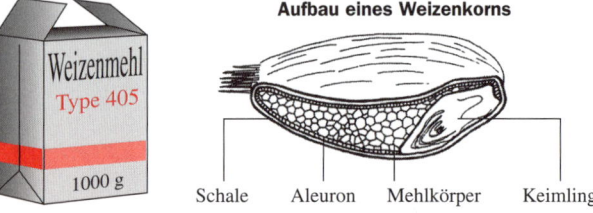

Aufbau eines Weizenkorns

Schale   Aleuron   Mehlkörper   Keimling

Verteilung der Inhaltsstoffe in einem Weizenkorn						
Bestandteil	**Cellulose**	**Stärke**	**Eiweiß**	**Fett**	**Vitamine**	**Mineralien**
Schale	✗				✗	✗
Aleuron			✗		✗	✗
Mehlkörper		✗	✗			
Keimling			✗	✗	✗	✗

Der größte und auch wichtigste Teil eines Getreidekorns ist der ***Mehlkörper***, der fast ausschließlich aus ↗*Stärke* (S. 119) besteht.

Nicht immer wird das *ganze* Getreidekorn zu Mehl vermahlen. Daher unterscheidet man die verschiedenen Mehlsorten einer Getreideart nach ihrem jeweiligen ***Ausmahlungsgrad*** (Anteil Mehl aus 100 Anteilen Getreide):

• Vollkornmehl hat einen *hohen* Ausmahlungsgrad. In ihm sind alle Teile des Korns enthalten.
• Auszugsmehl hat einen *niedrigen* Ausmahlungsgrad. Es enthält häufig nur den gemahlenen Mehlkörper.

Beim starken Erhitzen von Mehl verbrennen alle organischen Bestandteile zu Kohlenstoffdioxid und Wasser. Zurück bleibt immer etwas Asche, deren Masse umso größer ist, je mehr Mineralien im Mehl enthalten waren.

Die Typenzahl einer Mehlsorte gibt an, wie viel *Milligramm* Asche beim Erhitzen von 100 Gramm Mehl zurückbleiben.

Je größer die **Typenzahl** eines Mehls, desto mehr Anteile der Schale sind darin enthalten und somit neben Vitaminen und Mineralstoffen auch der Anteil an **Ballaststoffen**, im Wesentlichen ↗Cellulose (S. 119), die für die Verdauung wichtig sind. Vollkornbrot ist daher auch *gesünder* als Brot, das aus Auszugsmehl hergestellt worden ist.

> **Hinweis:** Vor dem Mahlen des Korns wird üblicherweise der Keimling entfernt. Auszugsmehle können daher im Allgemeinen lange Zeit gelagert werden, ohne zu verderben. Vollkornmehl sollte man hingegen kühl und dunkel lagern, damit das aus dem Keimling stammende Fett nicht ↗ranzig (S. 56) wird.

Ohne Treibmittel keine Freude!

Ein Brei aus gemahlenem Getreide und Wasser ist durchaus bekömmlich, aber wehe, wenn er getrocknet oder gar gebacken wird! An einem solchen „Brot" würde man sich vermutlich die Zähne ausbeißen.

> Zur Herstellung eines genießbaren Brotes benötigt man ein so genanntes **Treibmittel**, das den Teig lockert und im gebackenen Brot Poren hinterlässt.

Das bekannteste und am häufigsten verwendete Treibmittel ist die **Hefe**, die wie bei der Herstellung von Wein und Bier Zucker in Alkohol und Kohlenstoffdioxid verwandelt. Für diesen *Gärungsprozess* sind in der Hefe vorhandene und von ihr produzierte Enzyme (↗S. 122) verantwortlich.

- Die Enzyme *Maltase* und *Saccharase* spalten den dem Teig zugesetzten Zucker (↗Saccharose, S. 119) in Monosaccharide, darunter ↗Glucose (S. 118):

$$C_{12}H_{22}O_{11} + H_2O \longrightarrow 2\ C_6H_{12}O_6$$

- Das Enzym *Zymase* bewirkt eine Reaktion der gebildeten Glucose zu Ethanol und Kohlenstoffdioxid:

$$C_6H_{12}O_6 \longrightarrow 2\ CH_3{-}CH_2{-}OH + \mathbf{2\ CO_2}$$

Der im Teig aus Eiweiß (Gluten) und Wasser entstandene zähe **Kleber** wird vom freigesetzten Kohlenstoffdioxid ähnlich wie ein Luftballon aufgeblasen und bildet dadurch zahlreiche gasförmige Einschlüsse.

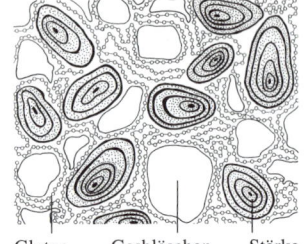

Gluten   Gasbläschen   Stärke

Auch die mit Wasser gequollene Stärkewird von den verklebten Molekülketten des Glutens eingehüllt und an einer Abgabe des Wassers gehindert.

> **Hinweis:** Da die Enzyme in der Hefe am besten bei 25 – 30 °C arbeiten, sollte man den Teig mit handwarmem Wasser ansetzen und an einer warmen Stelle zugedeckt etwa $^1/_2$ Stunde *gehen lassen*. Die Volumenzunahme des Hefeteigs kann man anschließend gut beobachten.

Sauerteig, was ist das und wozu braucht man ihn?

Während Weizenmehl bereits ein Kleber bildendes Eiweiß enthält und daher allein mit Wasser einen backfähigen Teig bilden kann, bewirkt beim Roggenmehl erst eine *Säuerung* die Entwicklung einer entsprechenden Eigenschaft.

Dazu lässt man eine Mischung aus Roggenmehl und Wasser für mehrere Stunden stehen. In der Luft stets vorhandene Hefesporen und Milchsäurebakterien finden Eingang, vermehren sich und machen aus der Stärke Milchsäure, die bei Zimmertemperatur zum Teil zu Essigsäure oxidiert wird:

20 °C   **24 - 48 Stunden**

$$CH_3-CH-COOH \xrightarrow{Ox.} CH_3-C-COOH \xrightarrow{Ox.} CH_3-COOH + CO_2$$
$$\quad\quad |$$
$$\quad OH \quad\quad\quad\quad\quad\quad\quad || $$
$$\quad\quad\quad\quad\quad\quad\quad\quad\quad O$$

Milchsäure   **Brenztraubensäure**   **Essigsäure**

Bei zu niedriger Temperatur entsteht ein hoher Anteil an Essigsäure, die den fertigen Sauerteig zu sauer macht und ihm einen stechenden Geschmack verleiht.

Was passiert beim Backen?

Der Backvorgang erfolgt bei einer Temperatur von 200 °C. Der Teig erfährt dabei eine Wärmezufuhr von außen nach innen. Wegen der schlechten Wärmeleitfähigkeit des Teigs steigt die Temperatur im Innern des Brotes nur langsam an und erreicht nach einer bestimmten Zeit etwa 100 °C, ohne weiter anzusteigen.

Der Grund: Ein großer Teil des im Teig gebundenen Wassers *verdampft* und „verbraucht" damit die Energie, die für eine weitere Temperaturerhöhung erforderlich gewesen wäre.

Wegen des großen Temperaturunterschieds zwischen innen und außen laufen dort zwei *vollkommen* verschiedene Reaktionen ab:

Im *Innern* geben die den Teig stabilisierenden Eiweißmoleküle ihr Wasser an die Stärke ab, *gerinnen* und umschließen die Gasbläschen als feste Hülle. Die Stärke verkleistert mit dem Wasser zu einer lockeren *Krume*. Da sich auch die Gasblasen beim Erwärmen ausdehnen, nimmt das Volumen des Brotes beim Backen zu.

erstarrtes   Gas-   verkleisterte
Gluten   bläschen   Stärke

An der *Außenseite* des Brotlaibs erfährt das Eiweiß aufgrund der hohen Temperatur nicht nur eine Denaturierung, sondern eine teilweise Aufspaltung in einzelne ↗Aminosäuren (S. 120). Die Stärke bildet wegen des erhöhten Wasserverlusts eine feste Kruste und erfährt eine teilweise Zersetzung zu unterschiedlichen Zuckern (Karamellisierung).

Die *Bräunung* der Kruste sowie die Bildung charakteristischer *Aromastoffe* beruhen auf einer Reihe komplexer und mehrstufiger Reaktionen, die unter diesen Temperaturbedingungen zwischen Aminosäuren und Zuckern stattfinden. Sie werden unter dem Begriff **Maillard-Reaktion** zusammengefasst und sind auch für die Veränderungen beim Braten von Fleisch und bei der Anwendung von ↗Selbstbräunern (S. 76) verantwortlich.

Zunächst erfolgt eine ↗Additionsreaktion (S. 114) zwischen der Aminogruppe einer Aminosäure und der Aldehydgruppe eines Zuckers. Die dabei gebildeten Glykosylamine reagieren unter Wasserabspaltung zu Aldiminen, die sich zu Aminoketonen umlagern.

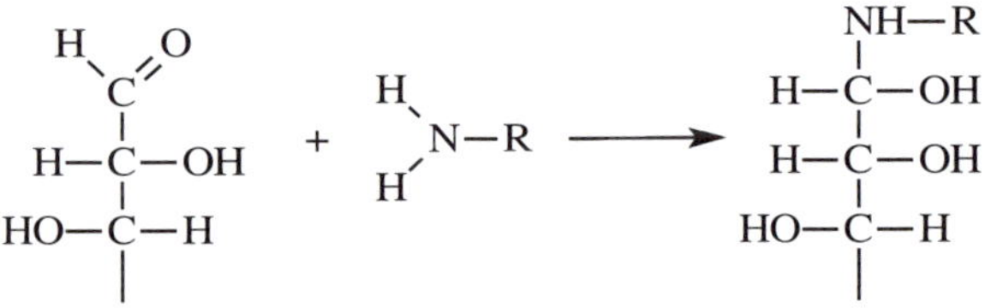

Glykosylamin

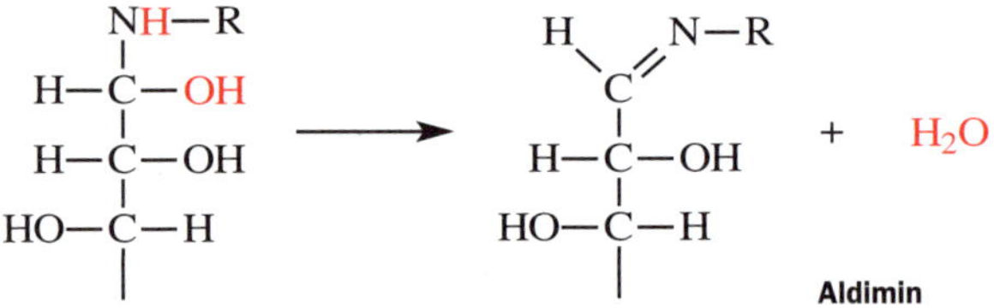

Aldimin

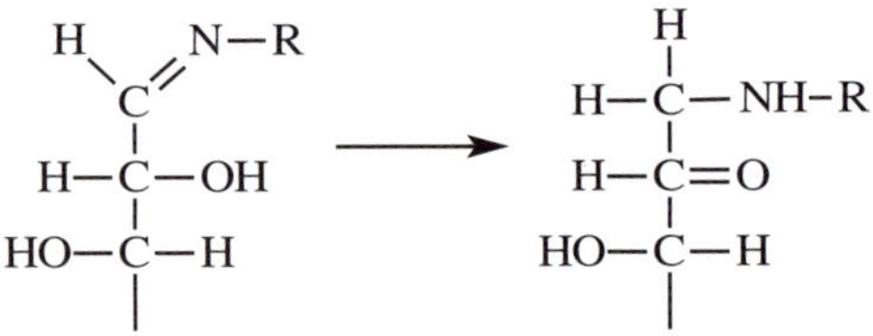

$+ \quad H_2O$

Aminoketon

Aus den Aminoketonen entstehen durch weitere komplizierte Additionen, Oxidationen und Umlagerungen schließlich braun gefärbte Produkte, so genannte **Melanoidine**, sowie für die betreffende Brotart typisch schmeckende und riechende Aromastoffe.

In welchem Umfang die genannten Stoffe jeweils gebildet werden, hängt auch von den Reaktionsbedingungen ab:

- Je geringer die Feuchtigkeit, je höher die Temperatur und je länger die Backzeit, desto intensiver die Braunfärbung.
- Je höher der ↗pH-Wert (S. 108) der Kruste, desto mehr Melanoidine werden gebildet, umso intensiver ist daher die sich ergebende Braunfärbung.

Hinweis: Aus dem genannten Grund haben Brezeln eine intensiv *dunkelbraune* Kruste, weil diese vor dem Backen mit verdünnter ↗Natronlauge (S. 110) bestrichen wird.

Warum wird Brot hart?

Bekanntlich schmeckt Brot am besten, wenn es frisch ist. Schon nach kurzer Zeit wird das Brot „altbacken"; es verliert an Aroma und wird hart.

Die gasförmigen *Aromastoffe*, die z. B. den Geruch des frischen Brots bewirken, entweichen oder werden von Proteinen im Brot adsorbiert.

Ursache des *Hartwerdens* ist der Wasserverlust der stärkehaltigen Krume und deren *Entquellung*, d. h. Verfestigung. Das freigesetzte Wasser wird zum Teil von den einhüllenden Glutenketten aufgenommen, ein Teil diffundiert nach außen und weicht dabei die Kruste auf.

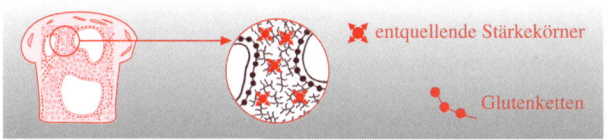

entquellende Stärkekörner

Glutenketten

Beim *Aufbacken* kann dieser Prozess in gewissem Rahmen rückgängig gemacht werden. Nach einer bestimmten Zeit ist jedoch die Entquellung so stark fortgeschritten, dass die Stärke kein Wasser mehr aufnehmen kann: Das Brot bleibt dauerhaft hart.

Reines Weizenbrot, z. B. das in Frankreich so beliebte *Baguette*, ist bereits nach einem Tag hart. Dies liegt daran, dass ein mit Weizenmehl gebackenes Brot große Gasblasen enthält, durch die das in der Stärke gespeicherte Wasser schneller entweichen kann.

Hinweis: Abhängig vom Wassergehalt findet das Altbackenwerden nur im Temperaturbereich zwischen + 60 und –7 °C statt. Daher ist das Einfrieren von frischem Brot durchaus sinnvoll, nicht jedoch das Lagern im Kühlschrank.

Verschärfte Sachen

Was wäre ein Essen ohne Scharfes!

Zum Glück gibt es bestimmte Gemüsearten und Gewürze, die unseren Speiseplan entsprechend bereichern.

Darunter gibt es einige, die zunächst noch gar nicht scharf sind. Erst wenn ihre Zellstruktur – z. B. durch Zerschneiden – verletzt wird, wandelt ein freigesetztes *Enzym* zunächst „harmlose" Stoffe in scharfe um.

Gemüse	Gewürze
Zwiebeln, Knoblauch, Schnittlauch, Porree, Rettich, Radieschen, Meerrettich	Kresse, Senf

Warum muss man beim Zwiebelschneiden weinen?

An Zwiebeln und Knoblauch kann man im Supermarkt getrost vorbeigehen, ohne gleich in Tränen auszubrechen. Erst bei der Vorbereitung des Zwiebelrostbratens geht das Geheule los.

In der Zwiebel – durch Zellwände sorgsam voneinander getrennt – lagert einerseits S-Propenyl-cystein-sulfoxid, ein Abkömmling der Aminosäure ↗Cystein (S. 120), und andererseits das Enzym (↗S. 122) Alliinase. Sobald beide Stoffe durch Zerstörung der trennenden Zellwände zusammentreffen, erfolgt in kürzester Zeit die Bildung eines scharf riechenden und Tränen auslösenden Stoffs:

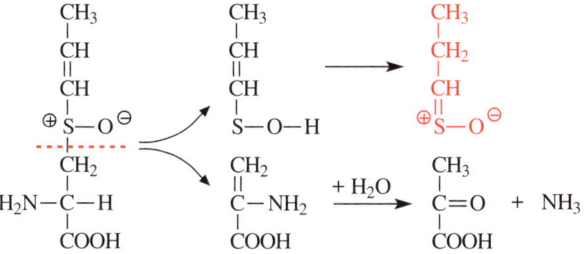

S-Propenyl-cystein-sulfoxid

Bei Knoblauch erfolgt beim Zerkleinern eine vergleichbare Reaktion. Hier bildet sich aus einem ähnlichen Ausgangsstoff das Tränen treibende und intensiv riechende *Allicin*:

Keine Tränen, aber trotzdem scharf

Bestimmte Pflanzen, die ja vor möglichen „Feinden" nicht weglaufen können, wehren sich gegen das Gefressen-Werden durch die Produktion so genannter *Senföle*.

Dazu gehören Pflanzen aus der Familie der *Kreuzblütler*, z. B. Rettich, Radieschen, Meerrettich und Senf.

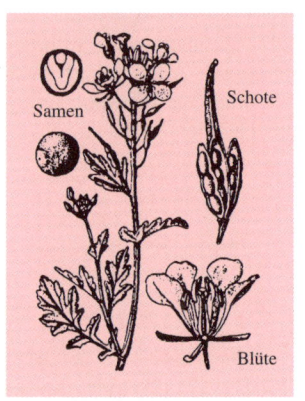

weißer Pfeffer

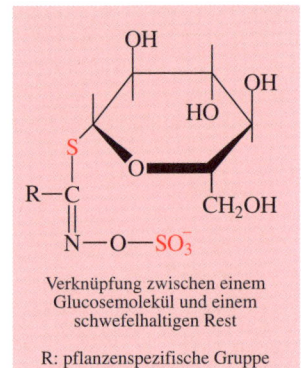

Verknüpfung zwischen einem Glucosemolekül und einem schwefelhaltigen Rest

R: pflanzenspezifische Gruppe

Struktur eines Glucosinolats

Die in ihren Zellen enthaltenen *Glucosinolate* sind – ähnlich wie bei Zwiebel und Knoblauch – von Enzymen getrennt und werden erst bei einem Angriff von außen zu „Kampfstoffen" zu *Isothiocyanaten*:

Die bei der Reaktion entstandenen Senföle sind Abkömmlinge der Isothiocyansäure (griechisch *theion*, Schwefel):

$$H - N = C = S$$

Sie sind bei den jeweiligen Pflanzen für den *scharfen Geschmack* verantwortlich und unterscheiden sich lediglich in ihrer pflanzenspezifischen Gruppe (R):

Pflanzenspezifische Gruppe (R) verschiedener Senföle	
weißer Senf	p-Hydroxybenzyl-
schwarzer Senf	Allyl-
Rettich	Allyl-, 4-Methylthio-3-butenyl-, 3-Indolylmethyl-
Meerrettich	Allyl-, Phenylethyl-
Kresse	Benzyl-

$CH_2{=}CH{-}CH_2{-}$ Allyl-

⬡$-CH_2{-}CH_2{-}$ Phenylethyl-

⬡$-CH_2{-}$ Benzyl- $CH_3{-}S{-}CH{=}CH{-}CH_2{-}CH_2{-}$ 4-Methyl-thio-3-butenyl-

$HO{-}$⬡$-CH_2{-}$ p-Hydroxybenzyl-   (Indol)$-CH_2{-}$ 3-Indolylmethyl-

Was für den einen schlecht ist, ist für den andern gut!

Senföl produzierende Pflanzen sind nicht nur wohlschmeckend und Appetit anregend, sondern seit langer Zeit auch als *Heilmittel* bekannt.

- *Meerrettich* stärkt den Kreislauf und wirkt blutdrucksenkend.
- *Kresse* wirkt antibiotisch, d. h., sie verhindert die Vermehrung von Bakterien und Pilzen.
- Häufiger Verzehr von *Kresse* und *Meerrettich* wirkt einem Krebsrisiko entgegen und wird daher besonders Rauchern empfohlen.
- *Rettich* begünstigt die Bildung schwächer wirksamer Östrogene und kann daher der Entstehung von Brustkrebs entgegenwirken.

Alles Kohl!

Zur Familie der Kreuzblütler gehören auch alle Kohlsorten, die zwar nicht unbedingt scharf schmecken, jedoch ebenfalls Senföl bildende Stoffe in sich tragen. Vor allem Rosenkohl, Wirsing und Kohlrabi sind damit besonders reichlich ausgestattet. Um eine möglichst vollständige Verwertung der Senföle zu erreichen, sollte Folgendes beachtet werden:

- Glucosinolate sind wasserlöslich und gehen daher beim Waschen teilweise verloren.
- Außerdem wird das spaltende Enzym beim Kochen weitgehend zerstört. Daher sollten Kohlgewächse besser nur gedünstet werden.
- Noch günstiger ist der Verzehr als Rohkost oder in Salaten, da dann die Senföle optimal zur Verfügung stehen.

Des Guten zu viel?

Ein starker Genuss von Senföl produzierenden Pflanzen kann jedoch auch nachteilig sein: Meerrettich oder Senf können in größeren Portionen durch vermehrte Durchblutung eine Rötung der Haut und Hitzegefühle auslösen. Manche im Wirsing und im Blumenkohl vorkommende Glucosinolate werden nicht zu Isothiocyanaten, sondern zu isomeren Thiocyanaten abgebaut.

$$R - N = C = S \qquad\qquad R - S - C \equiv N$$

Isothiocyanat $\qquad\qquad\qquad$ Thiocyanat

Thiocyanate behindern die Iodaufnahme in der Schilddrüse und können somit zu einer *Kropfbildung* führen.

Manche Kohlsorten bilden ein Senföl, das zu einer ringförmigen Verbindung weiterreagiert. Das dabei entstehende *Goitrin* verhindert ebenfalls die Iodaufnahme in der Schilddrüse:

$$CH_2=CH-\underset{\underset{\textstyle OH}{|}}{CH}-CH_2-N=C=S \longrightarrow CH_2=CH-\underset{\underset{\textstyle O}{}}{HC}\overset{\displaystyle H_2C-\!\!-NH}{\underset{\displaystyle C=S}{|\qquad\quad|}}$$

Während der durch Thiocyanate verursachte Iodmangel der Schilddrüse durch vermehrte Iodzufuhr kompensiert werden kann, wird diese durch Goitrin blockiert.

Die z. B. im Rettich vorkommenden krebshindernden Indolyl-Senföle bewirken in Verbindung mit Nitrit, das infolge einer Überdüngung aus Nitraten entstehen kann, das Gegenteil!

Gegen das Verderben

Wie praktisch alle ↗organische Stoffe (S. 111 ff.) sind auch Lebensmittel nur begrenzt haltbar, weil sie einem Angriff verschiedener Agenzien ausgesetzt sind, die die Inhaltsstoffe chemisch verändern, so dass ungenießbare, häufig auch giftige Produkte entstehen.

Das zersetzende Handwerk hat natürlich auch seinen Sinn, denn was geschähe sonst z. B. mit dem Müll? Wir wären längst daran erstickt! Bei Lebensmitteln jedoch möchte man den Verfallsprozess möglichst lange hinauszögern.

Angriff von innen und außen

Lebensmittel stammen aus ehemals lebenden Organismen. Daher sind die für den Stoffwechsel zuständigen ↗Enzyme (S. 122) *in den Zellen* immer noch aktiv und verrichten weiterhin ihre Arbeit.

Enzyme	Wirkung
Lipasen	Spaltung von Fetten zu Fettsäuren
Proteasen	Spaltung von Eiweiß zu Aminosäuren
Carbohydrasen	Spaltung von Kohlenhydraten zu Glucose
Oxydasen	Oxidation von Spaltprodukten

Hinweis: In manchen Fällen sind solche Prozesse sogar erwünscht. So wird das Fleisch von Wild erst dann geschätzt, wenn es einige Zeit „abgehangen" ist.

Zusätzlich findet eine Beeinflussung der Lebensmittel von *außen* statt:

Bakterien und *Pilze* sind allgegenwärtig. Sie bewirken die Zersetzung der organischen Moleküle über kleineren Einheiten bis schließlich zu anorganischen Produkten wie z. B. Kohlenstoffdioxid, Wasser, Ammoniak (↗S. 122) und Schwefelwasserstoff (↗S. 123).

Dazu kommt, dass sich Bakterien und Pilze während kürzester Zeit stark *vermehren* und somit die Anzahl der Angreifer rasant zunimmt.

Bei der Konservierung von Lebensmitteln muss der Tätigkeit der genannten „Aggressoren" Einhalt geboten werden. Das gelingt zwar *niemals* auf Dauer, aber zumindest für eine gewisse Zeit.

Strategien der Abwehr

Das Grundprinzip einer Lebensmittelkonservierung besteht darin, die Bedingungen, unter denen Mikroorganismen und Enzyme besonders wirksam werden können, zu verändern:

- Mikroorganismen und Enzyme wirken nur in einem für sie günstigen Temperaturbereich. Eine *Temperaturänderung* führt zu einem Nachlassen ihrer Aktivität.
- Mikroorganismen und Enzyme benötigen für ihre Tätigkeit eine wässrige Umgebung. Durch *Wasserentzug* wird ihre Aktivität unterbunden.

Konservierungsverfahren		
Verfahren	**Wirkung**	**Beispiel**
Kühlen	Alle Reaktionen werden verlangsamt.	Lebensmittel im Kühlschrank
Einfrieren	Mikroorganismen werden abgetötet, Sporen überleben, Enzyme wird das Wasser entzogen.	Tiefkühlkost
Trocknen	Mikroorganismen und Enzymen wird das Wasser entzogen.	Linsen, Erbsen, Mais, Nudeln
Bestrahlen	Mikroorganismen werden abgetötet, Enzyme zersetzt.	kanadischer Lachs
Erhitzen	Mikroorganismen und Enzyme werden weitgehend zerstört.	Milch, Eier, Brühwurst
Salzen	Salz entzieht den Zellen das Wasser	Matjeshering
Pökeln	Nitrit als Zusatz zum Salz hat bakterizide Wirkung.	Wurst, roher Schinken
Räuchern	neben Austrocknen zusätzlich bakterizide Wirkung	Schinken, Speck, Räucherhering
Säuern	Bei pH < 7 wird die Tätigkeit von Mikroorganismen und Enzymen behindert.	Rollmops, Sauerkraut
Spriten	Alkohol hat ab 14% keimtötende Wirkung.	Früchte im Rumtopf
Zuckern	entzieht wie Salz Wasser aus den Zellen	Marmelade
Schwefeln	Schwefeldioxid verhindert Bakterienwachstum und Oxidation.	Wein, Trockenfrüchte

Vor Sauerstoff gibt's kein Entkommen!

Der Sauerstoff der Luft garantiert bekanntlich das Überleben. Er ist aber auch dafür verantwortlich, dass Lebensmittel mehr oder weniger rasch unansehnlich werden oder verderben:

- Die Wurst wird nach dem Anschnitt grau.
- Ein angeschnittener Apfel wird braun.
- Das Speiseöl wird ranzig.

Pflanzenfette mit einem hohen Anteil *mehrfach ungesättigter* ↗Fettsäuren (S. 117) sind davon besonders betroffen.

$$CH_3-CH_2-CH_2-CH_2-CH_2-CH_2-CH_2-CH_2-CH=CH-(CH_2)_6-COOH$$

Ölsäure

$$CH_3-CH_2-CH_2-CH_2-CH_2-CH=CH-CH_2-CH=CH-(CH_2)_6-COOH$$

Linolsäure

$$CH_3-CH_2-CH=CH-CH_2-CH=CH-CH_2-CH=CH-(CH_2)_6-COOH$$

Linolensäure

> **Hinweis:** Ungesättigte Fettsäuren nennt man auch ω-3-Säuren und ω-6-Säuren. Damit wird gekennzeichnet, an welcher Stelle vom Ende der Kohlenwasserstoffkette aus sich die erste Doppelbindung befindet.

$$\overset{1}{C}H_3-\overset{2}{C}H_2-\overset{3}{C}H_2-\overset{4}{C}H_2-\overset{5}{C}H_2-\overset{6}{C}H=CH-CH_2-CH=CH-(CH_2)_6-COOH$$

Linolsäure ist eine ω -6-Säure

$$\overset{1}{C}H_3-\overset{2}{C}H_2-\overset{3}{C}H=CH-CH_2-CH=CH-CH_2-CH=CH-(CH_2)_6-COOH$$

Linolensäure ist eine ω -3-Säure

Die Anfälligkeit gegen Sauerstoff ist nun gerade durch das Vorhandensein der *Doppelbindungen* in den Fettsäureresten des Fettmoleküls bedingt. Je *mehr* Doppelbindungen diese enthalten, desto unbeständiger ist das jeweilige Fett.

Freie Radikale auf Raubzug

Durch Sonnenstrahlung, Wärme und zivilisatorische Einflüsse bilden sich aus zunächst harmlosen Teilchen so genannte *freie Radikale* (R$^\bullet$)

Freie Radikale sind hochreaktive Teilchen, die an einer Stelle ein *einsames Elektron* haben und daher bestrebt sind, ein weiteres Elektron einzufangen.

Solche freie Radikale finden ihre Opfer bei großen langkettigen Molekülen, die an bestimmten Stellen geschwächte ↗Elektronenpaarbindungen (S. 101) aufweisen.
Bei den Fettsäureresten eines Fettmoleküls sind dies die Bindungen an den Kohlenstoffatomen, die einer Doppelbindung benachbart sind:

$$-\underset{\underset{H}{|}}{C}H\text{-}CH=CH\text{-}\underset{\underset{H}{|}}{C}H-$$

In einem **1. Schritt** entreißt ein freies Radikal dem Molekül ein Wasserstoffatom und macht es dadurch selbst zu einem aggressiven Radikal:

$$R^\bullet + -\underset{\underset{H}{|}}{C}H\text{-}CH=CH\text{-}\underset{\underset{H}{|}}{C}H- \longrightarrow -\overset{\bullet}{C}H\text{-}CH=CH\text{-}\underset{\underset{H}{|}}{C}H- + R\text{-}H$$

In einem **2. Schritt** reagiert das entstandene Radikal mit einem Sauerstoffmolekül zu einem *Peroxidradikal*:

$$-\overset{\bullet}{C}H\text{-}CH=CH\text{-}\underset{\underset{H}{|}}{C}H- + O=O \longrightarrow -CH\text{-}CH=CH\text{-}\underset{\underset{O\text{-}O^\bullet}{|}}{C}H- \ \underset{\underset{H}{|}}{}$$

Dieses Radikal entreißt im **3. Schritt** einem weiteren Fettsäurerest ein Wasserstoffatom und bildet daraus neben einem *Hydroperoxidmolekül* ein neues Radikal:

$$-CH\text{-}CH=CH\text{-}\underset{\underset{O\text{-}O\text{-}H}{|}}{C}H- \qquad -\overset{\bullet}{C}H\text{-}CH=CH\text{-}\underset{\underset{H}{|}}{C}H-$$

Auf diese Weise entsteht eine *Kettenreaktion*, bei der ein einziges freies Radikal die Umwandlung *sehr vieler* Fettsäurereste bewirken kann.

Die Hydroperoxide sind nicht sehr beständig und zersetzen sich über mehrere Zwischenschritte z. B. in ↗Aldehyde (S. 114), die sich durch Oxidation in übel riechende und schlecht schmeckende ↗Carbonsäuren (S. 115) umwandeln können: Das Fett ist ranzig!

$$-CH\cdot CH{=}CH\cdot CH- \quad \longrightarrow \quad -C\!\!\begin{array}{c}H\\[-2pt]\diagdown\\[-2pt]O\end{array} \quad + \quad \begin{array}{c}H\\[-2pt]\diagup\\[-2pt]O\end{array}\!\!C-CH_2-CH-$$

Abfangjäger im Dienst

Das Verderben von Fett mit hohen Anteilen ungesättigter Fettsäuren wird durch Zusatz so genannter *Antioxidantien* verhindert. Dies sind Stoffe, die Radikale *abfangen* und somit die Kettenreaktion unterbrechen. Einige ölhaltige Pflanzen enthalten bereits mehr oder weniger große Mengen an **Vitamin E** (Tocopherol), das diese Funktion übernimmt. Dabei kann jedes Molekül durch Abspaltung von zwei Wasserstoffatomen *zwei* ↗Peroxidradikale (S. 55) „entschärfen" und somit ihre Weiterreaktion unterbinden.

Ewig jung mit Vitamin E!?

Seit bekannt ist, dass sich freie Radikale auch in den Zellen des Körpers bilden, dort ihr Unwesen treiben und vermutlich für das natürliche Altern zuständig sind, gelten Vitamin E und andere Radikalefänger – wie Vitamin A und Vitamin C – als wahre Wundermittel gegen das Altwerden. Vom ***Antiaging-Kult*** Besessene versuchen dem durch möglichst tägliches Schlucken vor allem von Vitamin-E-Pillen zu entgehen.

Sauber und schön

Kein Thema wird von der Werbung so häufig bedacht wie das Thema *Sauberkeit*. Jedoch ist dem Konsumenten kaum bewusst, was sich hinter den vielen dort ausgebreiteten Begriffen verbirgt.

Waschen

Wäscheschmutz ist ein Gemisch verschiedener Substanzen: Etwa 30% bestehen aus *wasserlöslichen* Verbindungen, gen, z.B. Zucker, Kochsalz, Harnstoff.

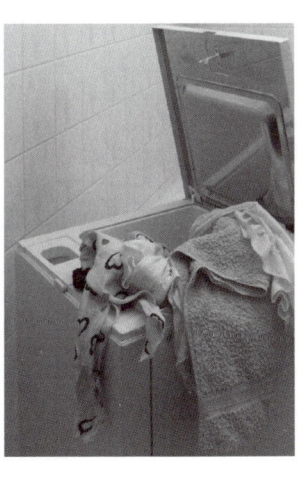

Etwa 70% setzen sich aus *wasserunlöslichen* Komponenten zusammen. Diese Schmutzanteile lassen sich in vier Gruppen einteilen:

- fettiger und öliger Schmutz (Speisefette, Mineralöle und Hautfette),
- eiweißhaltige Verbindungen wie Eigelb und Blut,
- farbstoffhaltiger Schmutz (Frucht-, Gemüse- und Pflanzenfarben),
- Pigmentstaub (Ruß, Rost, Metallstäube).

Das im Haushalt gebräuchlichste Reinigungsverfahren ist das Waschen in der Waschmaschine, also eine Kombination von mechanischer und chemischer Reinigung. Zur Bewegung des Wassers durch die Rotation der Wäschetrommel kommt hierbei die Einwirkung so genannter *waschaktiver Substanzen*.

Chemie der waschaktiven Substanzen

Moleküle dieser Stoffe, auch **anionische Tenside** genannt, haben ein negativ geladenes Ende in Form einer ↗Carboxylat- (S. 115) bzw. **Sulfonatgruppe**, die **hydrophile** (wasserfreundliche) Eigenschaften haben, sowie eine **hydrophobe** (wasserfeindliche) Kohlenwasserstoffkette.

$$CH_3-(CH_2)_{\overline{n}}-COO^{\ominus} \qquad \textbf{Carboxylat-Ion}$$

$$\begin{array}{l} CH_3(CH_2)_n \\ \qquad\qquad CH_2-SO_3^{\ominus} \qquad \textbf{Alkylsulfonat-Ion} \\ CH_3(CH_2)_n \end{array}$$

Struktur eines Tensidanions

vereinfachtes Modell

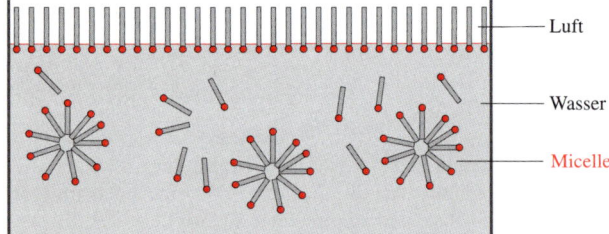

hydrophober Teil   hydrophiler Teil

An der Grenzfläche Wasser/Luft und in der Flüssigkeit ergeben sich daher die folgenden Teilchenausrichtungen:

— Luft

— Wasser

— Micelle

Zwischen den hydrophoben Kohlenwasserstoffresten wirken nur die schwachen *VAN-DER-WAALS-Kräfte* (↗S. 123).

Dadurch wird das Netz der starken ↗Wasserstoffbrücken-bindungen (S. 103) zwischen den Wassermolekülen, das für die Bildung der Oberflächenspannung verantwortlich ist, geschwächt. Folglich sinkt die Oberflächenspannung.

> Waschaktive Substanzen senken die Oberflächenspannung des Wassers. Verschmutzte Materialien können dadurch beim Waschvorgang leichter benetzt (befeuchtet) werden.

Was geschieht beim Waschen?

Lässt man die Lösung eines Tensids in Wasser auf eine beschmutzte fetthaltige Oberfläche einwirken, so lösen sich die hydrophoben Enden im Schmutz, während die hydrophilen Enden aus dem Schmutz herausragen.

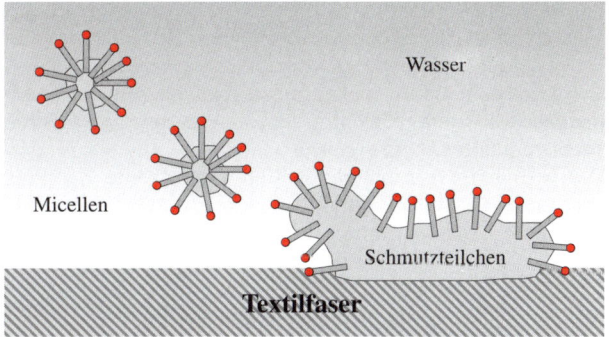

Auf diese Weise wird die ursprünglich hydrophobe Oberfläche der verschmutzen Oberfläche hydrophil und durch Wasser benetzbar: Wassermoleküle dringen in die Schmutzschichten ein und zerstören sie.

Mehrere Tensidmoleküle schließen mit ihren hydrophoben Enden einzelne Schmutzpartikel ein, lösen sie von der Textilfaser bzw. Haut und bilden in der Lösung frei bewegliche *Micellen*. Auf diese Weise löst sich schließlich der gesamte Schmutz von der Textilfaser.

Tensid-Anionen sind also in der Lage, größere Einheiten von festen und flüssigen Verschmutzungen in kleine Teilchen aufzulösen. Dabei entsteht eine Dispersion (↗S. 122) bzw. eine Emulsion (↗S. 122).

Waschaktive Substanzen verfügen also über benetzende, dispergierende und emulgierende Eigenschaften.

Hartes Wasser – ein Tensidfresser

Hartes Wasser (↗S. 15) enthält im Vergleich zu weichem Wasser eine höhere Konzentration an Calcium- und Magnesium-Ionen. Diese Ca^{2+}- und Mg^{2+}-Ionen bilden mit Carboxylat-Ionen wasserunlösliche ↗Kalkseifen (S. 70).

Die Wasserhärte bestimmt die Dosierung des Waschmittels. Der Verbraucher muss sich also über den Härtebereich des Wassers in seinem Wohnort informieren, um einen optimalen und zudem preiswerten Waschvorgang zu erzielen.

Um einen unverhältnismäßig hohen Tensidverbrauch zu vermeiden, werden die Calcium- und Magnesium-Ionen durch Wasserenthärter abgefangen.

Die heutigen Wasserenthärter sind so genannte Zeolithe. Das sind Natriumaluminiumsilicate mit einer speziellen Hohlraum-Kristallstruktur.

Die in den Hohlräumen des Zeolith-Gerüstes befindlichen Natrium-Ionen werden durch Calcium- oder Magnesium-Ionen des harten Wassers ersetzt. Zeolithe wirken also als Ionenaustauscher (↗S. 123).

Welches Waschmittel wofür?

Im Supermarkt hat man die Wahl – das breite Waschmittelangebot macht eine fundierte Auswahl also schwer.

Man findet: Vollwaschmittel für 30 °C bis 95 °C,
Feinwaschmittel für 30 °C und 60 °C,
Buntwaschmittel für 30 °C, 40 °C und 60 °C,
Wollwaschmittel für die Handwäsche.

Vollwaschmittel werden für pflegeleichte weiße Wäsche eingesetzt, um die Wäsche weiß zu erhalten. Sie enthalten daher *Bleichmittel* und *Enzyme*:
• Bleichmittel entwickeln aktiven Sauerstoff, der farbige Flecke durch Oxidation zerstört.
• Enzyme (↗S. 122) spalten im Schmutz enthaltene wasserunlösliche Eiweißstoffe in wasserlösliche Aminosäuren.

Vollwaschmittel sind jedoch nicht geeignet für farbige Wäsche sowie für empfindliche Fasern wie Wolle und Seide. Feinwaschmittel und Buntwaschmittel enthalten keine Bleichmittel, denn die Farben sollen erhalten bleiben.

Wollwaschmittel sind Spezialwaschmittel für tierische Wolle und Seide.

- Sie dürfen keine eiweißspaltenden Enzyme enthalten, denn tierische Fasern bestehen aus Eiweißverbindungen.
- Die Waschflüssigkeit muss einen neutralen pH-Wert besitzen, um ein Verfilzen der Wollfasern zu vermeiden. Sie dürfen daher als Tenside keine Carboxylat-Anionen enthalten, da diese mit Wasser eine alkalische Lösung bilden:

- Weil Eiweißstoffe beim Erhitzen ↗gerinnen (S. 121), müssen Wollwaschmittel ihre volle Waschkraft bereits bei niedrigen Temperaturen entwickeln, um ein Verfilzen und Schrumpfen des Materials zu verhindern.

Hinweis: Wolle lässt sich leicht von Baumwolle unterscheiden, wenn man eine Faserprobe in eine Flamme hält: Die Wollfaser gerinnt, verklumpt und riecht nach verbranntem Haar, die aus ↗Cellulose (S. 119) bestehende Baumwollfaser verbrennt.

Keine Wäsche ohne Weichspüler?

Die Erzeugung eines weichen Griffs der Wäsche erreicht man durch Zugabe *kationischer Tenside* in den letzten Spülgang.

kationisches Tensid-Ion   2 Fettsäurereste

Die positiv geladenen Enden der Tensidmoleküle lagern sich direkt an die Oberfläche von Baumwolle und tierischer Wolle an, während die unpolaren Kohlenwasserstoffreste von der Faseroberfläche nach außen ragen.

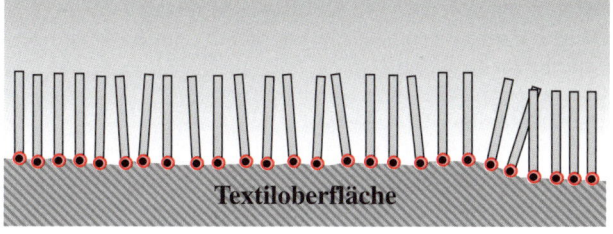

Die gleichnamigen Ladungen an der Oberfläche führen dort zu einer elektrostatischen Abstoßung der Fasern, die daher beim Trocknen einen möglichst großen Abstand einnehmen. Der sich daraus ergebende „Federungseffekt" vermittelt beim Greifen einen flauschigen Eindruck.

Hinweis: Da Weichmacher eine zu den anionischen Tensiden *entgegengesetzte* Ladung haben, heben sich die Wirkungen der beiden Tensidarten gegenseitig auf. Aus diesem Grund benötigt mit Weichspüler behandelte Wäsche beim nächsten Waschgang eine *zusätzliche* Portion an Waschmittel.

Waschen oder Reinigen?

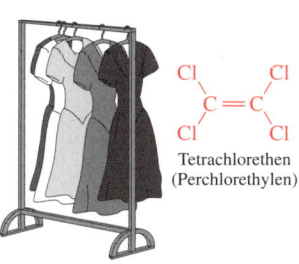

Tetrachlorethen
(Perchlorethylen)

Im Gegensatz zum Waschen wird bei der Reinigung auf das Lösungsmittel Wasser verzichtet. Als Reinigungsflüssigkeit werden unpolare, organische Lösungsmittel wie Tetrachlorethen (Perchlorethylen) eingesetzt. Durch die Abwesenheit von Wasser wird das Aufquellen der Naturfasern vermieden, die Fasern behalten ihre Form und Farbe. So können auch Wolle und Seide gereinigt werden. Hingegen quellen bestimmte Chemiefasern auf, einige werden sogar aufgelöst.

Putzfimmel

Früher war Putzen eine anstrengende Angelegenheit. Mit Muskelkraft und Scheuerpulver rückte man Kalk und Seifenrändern zu Leibe.

Heute versprechen die modernen Reiniger Glanz *ohne* Scheuern und Polieren.

Vielfältige Oberflächen sind in einer Wohnung zu reinigen, besondere Sorgfalt erfordern aber Bad und WC, denn es sind die wärmsten und feuchtesten Räume einer Wohnung.

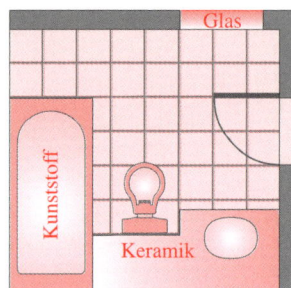

Warum wird Glas trüb?

Glas ist chemisch außerordentlich widerstandsfähig, aber keineswegs gegenüber *allen* chemischen Angriffen. Die Silikatstruktur des Glases ist *unregelmäßig* mit Alkali- und Erdalkali-Ionen vernetzt. Die Glasoberfläche ist ↗hydrophil (S. 58). Alkalihydroxide können diese Oberfläche, insbesondere bei höheren Temperaturen, angreifen und anlösen. Die an der Oberfläche verbleibende Schicht erscheint dann trüb.

Die Trübungen an *maschinengespülten* Gläsern sind also nicht auf störende Ablagerungen zurückzuführen, sondern auf das Einwirken der in Spülmaschinen verwendeten stark alkalischen Tenside. Glasreiniger bestehen deshalb aus sehr verdünnten Lösungen anionischer Tenside in wasserlöslichen Lösemitteln, meist ↗Alkoholen (S. 113) wie Ethanol und Isopropanol.

$$CH_3\!-\!CH_2\!-\!OH \qquad\qquad CH_3\!-\!\underset{\underset{\textstyle OH}{|}}{CH}\!-\!CH_3$$

Ethanol   **Isopropanol**

Aufgrund der niedrigen Tensidkonzentration hinterlassen Fensterreiniger nach der Anwendung auch nur geringe Rückstände.

Vorsicht bei Fliesen!

Fliesen werden meist aus *Keramik* hergestellt, Wandfliesen aus *Steingut*, Bodenfliesen aus widerstandsfähigerem *Steinzeug*. Beide Produkte haben eine Silikatstruktur, die jedoch – anders als beim Glas – ein geordnetes ↗Festkörpergitter (S. 101) darstellt.

Keramikfliesen sind daher gegen mittelstarke Säuren und Laugen beständig. Zum Säubern können deshalb *alle* gängigen Allzweckreiniger eingesetzt werden.

Man sollte jedoch nicht auf die Idee kommen, unversiegelte Fliesen aus *Marmor* mit sauren Reinigern oder gar Entkalkern zu säubern. Die Marmorkristalle würden sich an der Oberfläche auflösen!

Marmor ist ein aus ↗Kalkstein (S. 12) entstandenes Gestein, meist heller als dieser und an seinen glitzernden, kristallinen Bruchstellen gut erkennbar.

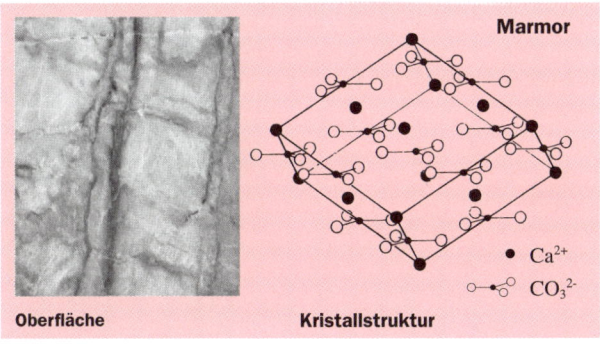

Oberfläche   **Kristallstruktur**   **Marmor**

● Ca^{2+}

○—●● CO_3^{2-}

Wie jedes andere Carbonat wird auch Marmor von Säuren aufgelöst:

$$CaCO_3 + 2 H_3O^+ \longrightarrow Ca^{2+} + 2 H_2O + CO_2$$

Deshalb lässt sich Marmor nur mit solchen Lösungen reinigen, die ↗Tenside (S. 58), alkalische Salze und Komplexbildner (↗S. 123) enthalten.

In Bad und WC alles okay?

Häufig findet man im Bad neben dem sichtbaren auch unsichtbaren Schmutz. Bakterien und Pilze entwickeln sich besonders gut im warmen Klima von Feuchträumen.

Sanitärreiniger sollen die typischen Kalk- und Urinsteinablagerungen beseitigen und desinfizierend wirken.

Saure Reiniger enthalten meist Natriumhydrogensulfat ($NaHSO_4$), das mit Wasser reagiert und dabei zur Bildung von ↗Oxonium-Ionen (S. 107) führt:

$$HSO_4^- + H_2O \longrightarrow H_3O^+ + SO_4^{2-}$$

Die dabei entstehenden Oxonium-Ionen sind in der Lage, Kalk- und Urinstein aufzulösen.

Alkalische Reiniger enthalten meist Natriumhypochlorit ($NaClO$), das ebenfalls mit Wasser reagiert und eine schwach alkalische Lösung bildet:

$$ClO^- + H_2O \longrightarrow HClO + OH^-$$

Die dabei entstehende Lösung zersetzt sich leicht weiter und bildet aktiven *Sauerstoff*, der eine *desinfizierende* Wirkung hat:

$$HClO + OH^- \longrightarrow H_2O + Cl^- + {}^1/_2 O_2$$

Hinweis: Saure und alkalische Sanitärreiniger dürfen unter keinen Umständen gemeinsam eingesetzt werden, da sie miteinander zu hoch giftigem Chlorgas reagieren:

$$2 ClO^- + 2 H_3O^+ \longrightarrow 3 H_2O + {}^1/_2 O_2 + Cl_2$$

Rohr frei!

Verstopfungen in Rohren sind meist auf Haare zurückzuführen. Rohrreiniger sollen diese Blockade beseitigen. Die geforderte Wirkung wird meistens durch eine Mischung aus *Natriumhydroxid* (Ätznatron), das mit Wasser unter erheblicher Erwärmung eine stark alkali-

sche Lösung bildet, und feinem *Aluminiumpulver* hervorgerufen. Starke Alkalien zerstören die Eiweißstruktur der ↗Haare (S. 69) und lösen sie auf. Aluminium reagiert nicht nur mit Säuren, sondern auch mit starken Alkalien unter Bildung von Wasserstoff:

$$2\,Al\ +\ 6\,H_2O + 2\,OH^- \longrightarrow 2\,[Al\,(OH)_4]^-\ +\ 3\,H_2$$

Die Gasbläschen bewirken eine Aufwirbelung und Lockerung des Schmutzverbandes im Rohr.

Da der entstehende Wasserstoff explodieren könnte, werden ↗Nitrate (S. 110) beigemengt, die durch Wasserstoff zu Ammoniak (↗S. 122) reduziert werden:

$$NO_3^-\ +\ 4\,H_2\ \longrightarrow\ NH_3\ +\ OH^-\ +\ 2\,H_2O$$

> **Hinweis:** Rohrreiniger haben eine stark ätzende Wirkung und sind daher sehr gefährlich. Sie können auch Fliesen und Kunststoffe angreifen und stellen für das Abwasser eine hohe Umweltbelastung dar.

Verhalten verschiedener Oberflächen gegenüber Reinigern		
Material	**Objekt**	**empfindlich gegeüber …**
Keramik	Fliesen	stark alkalischen Stoffen
Marmor	Fliesen	sauren Stoffen
Kunststoffe	Wanne, Armaturen	Lösemitteln
Metalle	Armaturen	sauren und alkalischen Stoffen

Körperpflege

Was für Wäsche und Woh-
nung „billig", ist für unseren eigenen Körper gerade
recht! Sauber und gepflegt
soll(te) er sein. Dazu dient
ein Großangebot an Kör-
perpflegemitteln zur Rein-
haltung und zur dekorativen
Kosmetik. Im Sinne eines
vorbeugenden Gesundheits-
schutzes lässt der Gesetz-
geber auch krankheitsbezo-
gene Wirkungen von kosme-
tischen Mitteln zu:

- Sonnenschutzmittel, die die Haut vor Sonnenbrand schützen,
- fluoridhaltige Zahnpasten, die Karies vorbeugen.

Die wichtigsten Objekte der kosmetischen Bemühungen
betreffen die menschliche *Haut* und das *Haar*.

Aufbau von Haut und Haaren

Der für die Kosmetik zugängliche Teil der Haut ist die
Oberhaut (Epidermis), die eng mit der darunter befindlichen
Lederhaut (Corium) verzahnt ist.

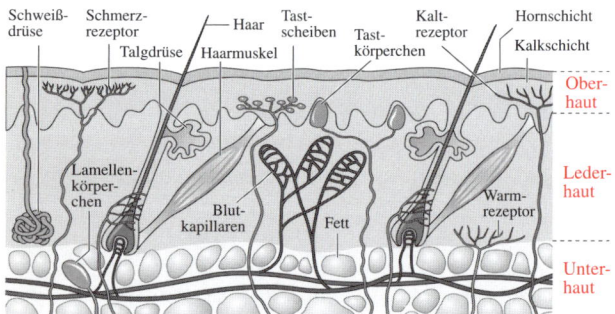

Die Oberfläche der Oberhaut bildet eine Schicht aus verhornten, abgestorbenen Zellen, die wie Plättchen nebeneinander liegen. Diese bestehen aus *Keratin*, einem ↗Faserprotein (S. 121), das aus 18 verschiedenen miteinander verknüpften Aminosäuren besteht.

Die Haare des Menschen bestehen im Wesentlichen ebenfalls aus Keratin.

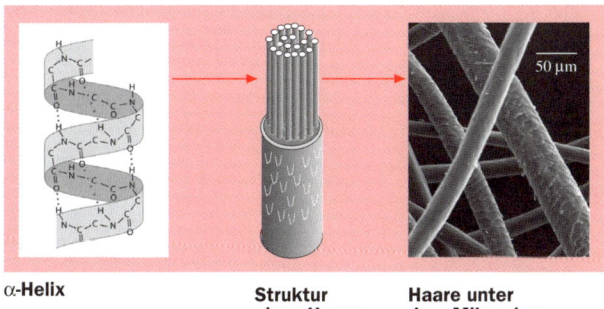

α-**Helix**   **Struktur eines Haares**   **Haare unter dem Mikroskop**

Die Eiweißmoleküle bilden eine schraubenförmige Struktur – eine so genannte Helix –, die sich aus einer Vielzahl von Querverbindungen *innerhalb* des Moleküls ergibt. In Längsrichtung erfährt die Helix eine Stabilisierung durch zusätzliche Wasserstoffbrucken.

Mehrere solcher Moleküle lagern sich zu parallel angeordneten Bündeln zusammen, die innerhalb eines Haares lange Fasern bilden.

Zwischen den Molekülen bestehen weitere Querverbindungen, unter anderem *Schwefelbrücken* zwischen zwei Einheiten der Aminosäure ↗Cystein (S. 120). Dadurch wird eine *Formstabilität* der Fasern und somit des Haars erreicht.

Seife für Haut und Haar?

Wasser allein reicht als Reinigungsmittel bekanntlich nicht aus, da es das aus den Talgdrüsen stammende Hautfett nicht lösen und somit auch nicht abtransportieren kann.

Deshalb ist Seife das traditionelle Mittel, das als waschaktives ↗Tensid (S. 58) Abhilfe schaffen kann. Seifen sind Natrium- oder Kaliumsalze von ↗Fettsäuren (S. 117).

Seifenanion

Kernseife

Seife hat jedoch trotz hoher Reinigungswirkung Nachteile:

- Bei hartem Wasser reagieren die Seifenanionen mit den im Wasser enthaltenen Calcium-Ionen zu wasserunlöslichen Kalkseifen, die auf Haut und Haar eine schmierige Schicht bilden.

Kalkseife

- Seifenlösungen sind stark alkalisch (↗S. 110). Daher sind Seifen bei längerem und häufigem Gebrauch hautschädigend. Außerdem zerstören sie den so genannten Säureschutzmantel, welcher einen pH-Wert von 5,5 aufweist und die Haut vor schädigenden Bakterien schützen soll.

Tenside für Haut und Haar enthalten daher an Stelle des Carboxylat-Ions ein Sulfonat-Ion, das zu keiner alkalischen Reaktion mit Wasser führt. Eine wässrige Lösung dieser Tenside ist daher neutral oder schwach sauer.

$CH_3(CH_2)_n$
CH_2—SO_3^- **pH-Wert hautneutral**
$CH_3(CH_2)_n$

Nach dem Waschen – Deowolke

Jeder Mensch schwitzt, das lässt sich nicht vermeiden! Obwohl frischer Schweiß nahezu geruchlos ist, entsteht durch bakterielle Zersetzung bald ein unangenehmer Körpergeruch. Die Zersetzungsprodukte sind unter anderem kurzkettige, geruchsintensive Fettsäuren, darunter die extrem stinkende Buttersäure.

$$CH_3 - CH_2 - CH_2 - C \overset{\displaystyle O}{\underset{\displaystyle OH}{<}}$$

Buttersäure

Deodorantien (kurz: Deos) unterscheiden sich in ihren Wirkungsmechanismen. Einige können die unangenehmen Zersetzungsprodukte überdecken oder binden und damit neutralisieren. Andere, deren Molekülstruktur an die von Insektenvertilgungsmitteln erinnert, blockieren die zersetzenden Enzyme der Bakterien:

2,4,4´-Trichlor-2´-hydroxy-diphenylether

Antitranspirantien (Antischweißmittel) unterdrücken die Schweißbildung um bis zu 60%. Sauer reagierende *Aluminiumsalze* denaturieren Eiweißstoffe in den Schweißkanälen und verengen so deren Ausgänge.

Das saure Medium des Wirkstoffes hemmt ferner das Bakterienwachstum.

> **Hinweis:** Während Deos mehrmals am Tag eingesetzt werden können, sollten Antischweißmitttel am selben Tag nur einmal verwendet werden. Eine Überdosierung kann zur Entzündung der Schweißkanäle führen.

Was an die Haut geht – Hautcremes

Die Haut wird normalerweise über die Talgdrüsen mit körpereigenem Fett versorgt und dadurch geschmeidig gehalten. Durch die dünne Fettschicht kann die Haut auch nicht austrocknen. Eine Hautcreme soll einen möglichen Mangel an hauteigenen Fetten und Feuchtigkeit ausgleichen. Hautcremes sind deshalb Kombinationen aus Öl und Wasser.

Öl und Wasser entmischen sich jedoch relativ schnell, man denke nur an die Fettaugen auf der Suppe. Ein ***Emulgator*** hat daher die Aufgabe, diese Entmischung zu unterbinden:

$$HO-CH-CH_2-O-\overset{\overset{\displaystyle O}{\|}}{C}\diagdown\diagup\diagdown\diagup\diagdown\diagup\diagdown\diagup\diagdown$$
$$HO-CH_2$$

Monoglycerid:
Im Unterschied zum Fettmolekül ist nur *eine* Hydroxylgruppe verestert.

Emulgatoren haben eine ähnliche Molekülstruktur und damit auch die gleiche Wirkung wie ↗Tenside (S. 58) und die in der ↗Milch (S. 29) enthaltenen Eiweißstoffe: Das eine Molekülende ist ↗*hydrophil* (S. 58), das andere *hydrophob*. Mit Hilfe von Emulgatoren entstehen somit fein verteilte, stabile ***Emulsionen*** (↗S. 122) von Wasser in Öl (Typ W/O) oder von Öl in Wasser (Typ O/W).

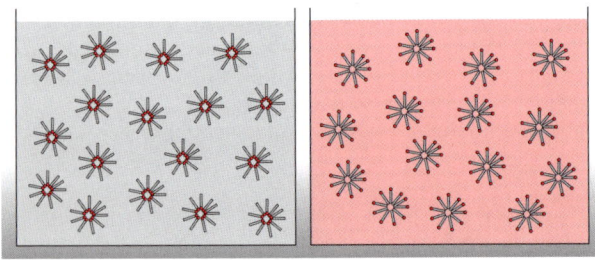

Emulsion Wasser in Öl (W/O)   **Emulsion Öl in Wasser (O/W)**

Hautcremes bestehen zu 60 – 75% aus Wasser, die Fettphase enthält dünnflüssige Ölen, hochschmelzende Fette und Wachse. Da die Kombination Wasser–Fett ein hervorragender Nährboden für Pilze und Bakterien ist, müssen Konservierungsstoffe zugesetzt werden.

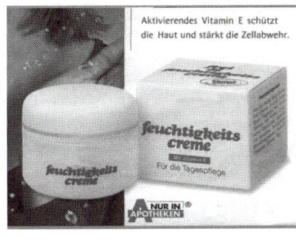

Viele Hautcremes enthalten einen Zusatz an ↗Vitamin E (S. 56), das als Radikalfänger das Altern der Haut verhindern soll.

Sonnengenuss ohne Reue – Sonnenschutzmittel

Die auf die Erdoberfläche auftreffende Sonnenstrahlung besteht aus *Wärmestrahlung* (infrarote Strahlung, IR), aus einem sichtbaren Anteil (Licht) und aus energiereicher ultravioletter Strahlung (UV), die in eine energieärmere UV-A-Strahlung und eine energiereichere UV-B-Strahlung aufgeteilt wird. Sonnenbestrahlung kann bei richtiger Dosierung das körperliche Wohlbefinden steigern. Der energiereiche UV-B-Anteil führt allerdings bei zu langer Einwirkung rasch zum *Sonnenbrand*.

Die Haut wehrt sich gegen diese Wirkung durch die vermehrte Bildung des dunklen Hautpigments **Melanin**, das zu einer Bräunung der Haut führt und in der Lage ist, die hochenergetische Strahlung zu absorbieren.

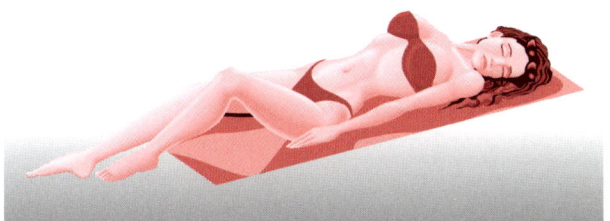

Das energiereiche UV-B-Licht bewirkt aber auch die Bildung ↗freier Radikale (S. 56) in der Lederhaut. Die gesunde Haut verfügt über Möglichkeiten, diese geringen Konzentrationen abzufangen und in unschädliche Verbindungen zu

überführen. Häufiges „Sonnenbaden" führt jedoch zu einer vermehrten Produktion dieser Radikale, die die Haut durch eine nachhaltige Veränderung der Zellen schneller altern lassen und langfristig zu *Hautkrebs* führen können.

Noch zu Beginn des 20. Jahrhunderts galt eine braune Haut als ein Makel: Edle Blässe war gefragt. Inzwischen ist das Braunsein längst „in".

Darum wurden Stoffe erfunden, die nach dem Auftragen auf die Haut diese vor Sonnenbrand schützen, gleichzeitig aber eine schnelle und tiefe Hautbräunung ermöglichen sollen.

Dies gelingt jedoch nur durch einen Aufbau des Pigmentfarbstoffes Melanin, der dann den körpereigenen Strahlenschutz übernimmt.

Springende Elektronen im Sonnenschutzmittel

Da schon die UV-A-Strahlung das für die Hautbräunung notwendige Melanin bildet, sind Sonnenschutzmittel Substanzen, die vor allem die UV-B-Strahlung absorbieren. Moleküle dieser Stoffe enthalten *Doppelbindungen*, deren Elektronen von der Strahlung dazu angeregt werden, auf ein höheres Energieniveau zu springen. Bei Rücksprung auf das ursprüngliche Niveau wird diese Energie in Form von *Wärme* frei.

Auswahl handelsüblicher Lichtschutzfilterstoffe		
Handelsname	**Strukturformel**	**absorbiert**
Eusolex 4360, Uvinul M 40		UV-A
Novantisol, Eusolex 232		UV-B
Neo-Heliopan E 1000		UV-B

Hinweis: Manche Sonnenschutzmittel absorbieren auch die UV-A-Strahlung. Zu empfehlen für alle, die nur auf den Schutz Wert legen.

Was besagt der Lichtschutzfaktor?

Die Haut hat durch ihre bereits vorhandene Pigmentierung einen gewissen Eigenschutz gegenüber der Sonne. Je nach Strahlungsintensität geht man von 5–20 Minuten aus, bevor die ungebräunte Haut rot wird.

Der *Lichtschutzfaktor* (LSF) gibt an, um wie viel mal länger man sich mit dem jeweils aufgetragenen Sonnenschutz der Sonnenstrahlung aussetzen kann, bis es zu einer Hautrötung kommt.

Was tun, wenn die Sonne nicht scheint?

Braune Haut suggeriert Jugend und Erfolg. Welche Möglichkeiten gibt es, die Haut zu bräunen, wenn die Sonne fehlt? Da hilft nur Färben! Pflanzenfarbstoffe wie ↗Henna (S. 77) und Nussschalenextrakte färben die Haut zwar braun, die Färbung ist allerdings nur temporär und zudem leicht auswaschbar.

Vielversprechender, weil nicht so leicht abwaschbar, sind so genannte **Selbstbräuner**. Diese enthalten ↗Kohlenhydrate (S. 118) wie Dihydroxyaceton (DHA) oder Erythrulose.

$$CH_2-OH$$
$$C=O$$
$$CH_2-OH$$

$$CH_2-OH$$
$$C=O$$
$$CH-OH$$
$$CH_2-OH$$

Dihydroxyaceton   **Erythrulose**

Beim Auftragen auf die Haut erfolgt zwischen diesen Stoffen und dem Eiweiß der abgestorbenen äußersten Hautzellen eine ↗Maillard-Reaktion (S. 44), die zur Bildung eines braunen Farbstoffs führt.

Diese Reaktion ist im Prinzip dieselbe wie die Bildung von Aroma- und Farbstoffen in Lebensmitteln. Sie entstehen beim ↗Backen von Brot (S. 44), beim Rösten von Kaffee und Kakao, beim Dünsten von Zwiebeln ebenso wie beim Braten eines Steaks.

Da die Farbreaktion in der Hornschicht, also im bereits abgestorbenen Hautgewebe, stattfindet, wird dadurch die eigentliche Haut nicht geschädigt. Dennoch ist Vorsicht geboten:

• Selbstbräuner rufen allergische Reaktionen hervor.
• Selbstbräuner trocknen die Haut aus, deshalb sollte man Emulsionen vom ↗Typ O/W (S. 72) bevorzugen, denn diese bewirken eine Rückfettung der Haut.
• Künstlich gebräunte Haut schützt nicht vor Sonnenbrand!

Hinweis: Die farbgebende Reaktion ist abhängig vom Hauttyp und seiner Aminosäure-Verteilung. Es kann deshalb zu unnatürlichen Hauttönungen kommen. Dicke Hornschichten werden stärker gefärbt, so zum Beispiel die Handflächen! Dadurch entsteht ein „gestreifter" Eindruck.

Haare tönen oder färben?

Dem Aussehen der Haare wird von jeher eine große Bedeutung zugemessen. Schon im antiken Ägypten wurden

die Haare mit dem heute noch beliebten Henna, einem pflanzlichen Färbemittel, rotorange gefärbt. Dieser Stoff wird daher als Teil vieler Färbemischungen eingesetzt.

Moderne Produkte erlauben es dem Anwender, zwischen einer zeitlich begrenzten *Tönung* und einer langfristigen und dauerhaften *Färbung* auszuwählen.

2-Hydroxy-1,4-naphtochinon (Henna)

Haartönungen: Blond am Morgen, grün am Abend

Tönungen sind vorübergehend, sie werden bei der nächsten Haarwäsche wieder ausgewaschen. Die eingesetzten Farbstoffe bestehen aus großen Molekülen, die hydrophile ↗Sulfonatgruppen (S. 58) enthalten, um sie wasserlöslich zu machen. Die farbigen Substanzen werden nach dem Trocknen der aufgebrachten Farbstofflösung einfach auf der *Haaroberfläche* abgelagert und sind daher nur durch schwache VAN-DER-WAALS-Kräfte gebunden.

„Acid green 25"

Haarfärbungen: Stress für die Haare

Ein trickreiches System chemischer Reaktionen führt zur *permanenten* Färbung der Haare. Das ist nur möglich, wenn die Farbstoffteilchen in das *Innern* der Haare eingelagert werden. Daher müssen zunächst die dort bestehenden natürlichen Farbpigmente durch Oxidation zerstört werden.

Die sich anschließende Färbung erfolgt in mehreren Schritten, wobei der endgültige Farbstoff erst im Innern der Haarfasern entsteht:

- Zunächst werden die Substanzen zur Bildung des Farbstoffs mit der alkalischen Lösung eines Oxidationsmittels vermischt und auf das Haar aufgetragen.
- Das alkalische Medium bewirkt ein Aufquellen der Haarfasern. Dadurch können die farbgebenden Stoffe und das Oxidationsmittel in das Innere der Fasern eindringen.
- Dort erfolgt schließlich eine dreistufige Farbstoffsynthese:

Anilinrot

Der jeweilige Farbton ergibt sich durch eine entsprechende Wahl der farbgebenden Ausgangsstoffe.

Diese Reaktionsabläufe bedeuten Stress für die Haare, denn nacheinander laufen diverse Redoxreaktionen ab, die alle die Haarstruktur schädigen. Die Querverbindungen der ↗Eiweißketten (S. 121) werden nachhaltig verändert. Insbesondere bei Blondierungen wird das Haar deutlich spröder und trockener und ist schwer zu kämmen.

Chemie der Dauerwelle

Die Form und Festigkeit der Haare werden durch die Querverbindungen zwischen den parallelen Eiweißketten des Keratins bestimmt. Eine Umformung der Haare ist daher nur über die Zerstörung dieser Verbindungen und anschließender Neubildung möglich. Im Wesentlichen betrifft dies die Schwefelbrücken zwischen zwei Cysteineinheiten (↗S. 120).

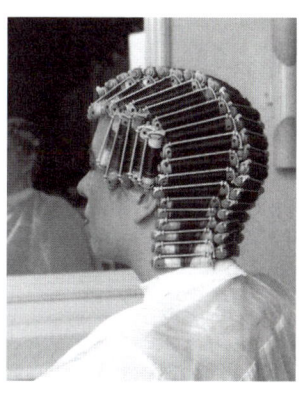

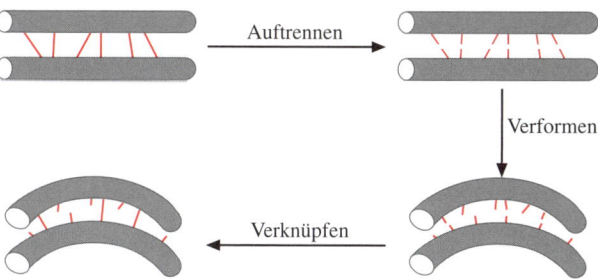

Die *Spaltung* dieser Brücken erreicht man durch eine ↗*Reduktion* (S. 105) z. B. mit einer schwach alkalischen Lösung von Thioglykolsäure:

$HS - CH_2 - COOH$

Das alkalische Medium bewirkt ein Aufquellen der Haare und ermöglicht dadurch das Eindringen der Wirkstoffe.

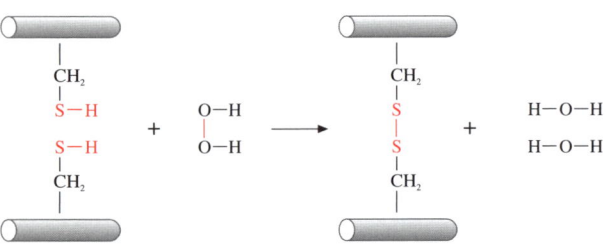

Die Wiederherstellung der Brücken erfolgt durch eine Oxidation z. B. mit Wasserstoffperoxid (H_2O_2). Dadurch werden jeweils zwei dicht benachbarte S-H-Gruppen zu einer neuen S-S-Brücke verbunden.

Hier liegt auch die Problematik der Dauerwelle: Nur ca. 25% der zerstörten Bindungen werden wieder geknüpft. Die Haarstruktur wird daher in Teilen zerstört; Glanzverlust und Versprödung der Haare können die Folgen sein.

Rund ums Auto

Das Auto ist des Deutschen liebstes Kind – sagt man. Wer aber weiß schon, was in diesem „Kind" vor sich geht?

Ohne Chemie keine Bewegung

Die heute üblichen Treibstoffe werden aus **Erdöl** hergestellt. Zusammen mit Erdgas und Kohle entstand es aus Biomasse, die vor Jahrmillionen abgestorben ist und durch geologische Prozesse umgewandelt wurde. Erdöl ist ein Gemisch von ↗Kohlenwasserstoffen (S. 111).

Für jeden den passenden Treibstoff

Benzin ist ein Gemisch aus vorwiegend kurzkettigen Kohlenwasserstoffen ($C_4 - C_{10}$) mit einem Siedebereich von 40 °C – 150 °C. Es treibt Ottomotoren von Autos und einfache Propellermotoren von Flugzeugen an.

Zusammensetzung von Benzin (Massenanteil in %)			
Kohlenwasserstoff	Normal	Super	Super Plus
Alkane	50 - 65	40 - 60	35 - 55
Alkene	0 - 35	0 - 25	0 - 5
Aromaten	23 - 35	35 - 55	38 - 55

Dieselmotoren benötigen **Dieselkraftstoff** ($C_{12} - C_{18}$) mit einem höheren Siedebereich zwischen 200 °C und 350 °C.

Die Turbinen der Düsenflugzeuge hingegen werden durch **Kerosin**, ein Gemisch ($C_{10} - C_{14}$) mit einem mittleren Siedebereich von 175 °C – 280 °C, angetrieben.

Je nach Siedebereich informiert der ↗Flammpunkt (S. 122) über die Feuergefährlichkeit des jeweiligen Treibstoffs:

Treibstoff	Flammpunkt	
Benzin	< 21°C	
Kerosin	ca. 50 °C	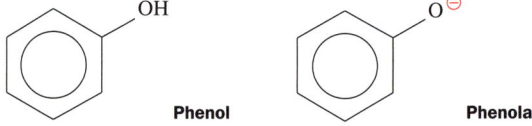
Diesel	80 °C	

Den Kohlenwasserstoffen im Benzin werden diverse Additive, die unterschiedliche Aufgaben erfüllen, beigemischt:

• zur Erhöhung der Oktanzahl MTBE (Methyl-tertiär-butyl-ether) und ↗Alkohole (S. 113),

$$H_3C-O-\underset{\underset{CH_3}{|}}{\overset{\overset{CH_3}{|}}{C}}-CH_3$$

Methyl-**t**ertiär-**b**utyl-**e**ther

• zur Verhinderung von Korrosion Calcium- und Bariumphenolate (Korrosionsinhibitoren),

Phenol

Phenolat-Ion

• zur Konservierung Amine und Phenole,

$R - NH_2$ **Amin**

• Zum Verteilen von Schmutz dispergierende Stoffe (↗S. 122), z. B. Bariumsulfonat.

$R - SO_3H$ **Sulfonsäure** $R - SO_3^-$ **Sulfon-Ion**

Oktanzahl – was ist das?

Die an den Zapfsäulen der Tankstellen verkauften Benzinsorten Normal, Super und Super Plus unterscheiden sich in ihrer *Oktanzahl*.

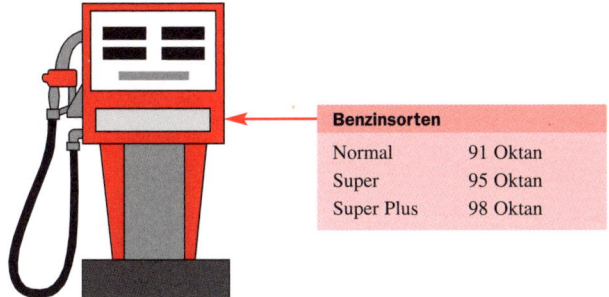

Benzinsorten	
Normal	91 Oktan
Super	95 Oktan
Super Plus	98 Oktan

Die Oktanzahl ist ein Maß für die so genannte *Klopffestigkeit* des Treibstoffes. Je höher die Oktanzahl, desto höher die Klopffestigkeit.

- Benzinsorten mit ausreichender Klopffestigkeit verbrennen beim Verdichten des Kraftstoff-Luft-Gemischs *erst bei Zündung* durch die Zündkerze.
- Zu niedrige Oktanzahlen führen aufgrund der beim Verdichten auftretenden Temperaturerhöhung zu einer *vorzeitigen* Selbstentzündung, die als klopfendes Geräusch wahrnehmbar ist und für den Motor eine hohe Druckbelastung bedeutet.

Bei einem dauerhaften Betrieb eines Motors mit einem Kraftstoff einer zu niedrigen Oktanzahl verläuft die Alterung des Motors durch die hohen Druck- und Temperaturbelastungen sehr viel schneller, im Extremfall versagen Kolben, Lager oder Ventile.

Hinweis: Beim Betrieb eines Motors mit einem Treibstoff mit einer zu hohen Oktanzahl kommt es zu keinen Schädigungen, aber auch zu keinem Leistungsgewinn.

Wie wird die Oktanzahl gemessen?

Die Skala für die Oktanzahl reicht von 0 bis 100 und ist der Klopffestigkeit von zwei Kohlenwasserstoffen zugeordnet:

Kohlenwasserstoff	Eigenschaft	Oktanzahl
n-Heptan	nicht klopffest	0
Iso-Oktan	extrem klopffest	100

$$CH_3-CH_2-CH_2-CH_2-CH_2-CH_2-CH_3$$

n-Heptan

$$CH_3-\underset{\underset{CH_3}{|}}{\overset{\overset{CH_3}{|}}{C}}-CH_2-\underset{}{\overset{\overset{CH_3}{|}}{CH}}-CH_3$$

Iso-Oktan

Bei der Ermittlung der Oktanzahl eines Kraftstoffgemischs wird zunächst das Verdichtungsverhältnis des Motors so lange verändert, bis er zu klopfen beginnt.

Anschließend werden – ausgehend von 100% iso-Oktan – verschiedene Gemische der beiden Kohlenwasserstoffe mit zunehmendem Anteil von n-Heptan hergestellt und im Motor verbrannt. Sobald der Motor zu klopfen beginnt, ist durch Vergleich die zutreffende Oktanzahl für das zu ermittelnde Kraftstoffgemisch gefunden.

Die Oktanzahlen werden bei zwei verschiedenen, genau festgelegten Betriebsbedingungen bestimmt:

- Die ROZ (**R**esearch **O**ktan**z**ahl) zeigt das Verhalten des Kraftstoffes bei Beschleunigung und *mäßiger* Belastung. Sie wird als Kennzeichnung einer Benzinsorte an der Tankstelle angegeben.
- Die MOZ (**M**otor **O**ktan**z**ahl) ist ein Maß für die Klopffestigkeit bei *hoher* Belastung.

Wie funktioniert ein Ottomotor?

iDie Mehrzahl der Personenkraftwagen und Motorräder wird durch einen Vier-Takt-Ottomotor betrieben. Jeder der vier Takte hat eine besondere Funktion:

Takt 1 – Ansaugen
Das Einlassventil ist offen und der Kolben bewegt sich nach unten. Dadurch wird ein gasförmiges Benzin-Luft-Gemisch angesaugt.

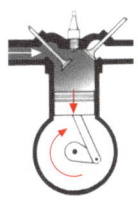

Takt 1

Takt 2 – Verdichten
Beide Ventile sind geschlossen. Der Kolben bewegt sich nach oben und presst das Benzin-Luft-Gemisch zusammen. Durch die Kompression erwärmt sich das Gemisch.

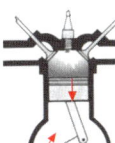

Takt 2

Takt 3 – Explodieren (Arbeitstakt)
Der Funken der Zündkerze zündet das Gemisch. Durch die hohe Verbrennungstemperatur dehnen sich die Verbrennungsgase stark aus und drücken den Kolben nach unten.

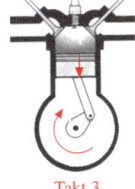

Takt 3

Takt 4 – Ausstoßen
Durch den erteilten Schwung wird der Kolben weiter nach oben bewegt. Die Abgase werden durch das geöffnete Auslassventil aus dem Zylinder gedrückt.

Anschließend beginnt der Zyklus von vorne.

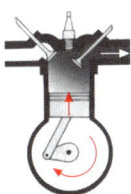

Takt 4

Wie funktioniert ein Dieselmotor?

Der Dieselmotor ist ebenfalls meist ein Viertaktmotor. Im Gegensatz zum Benzinmotor wird im 1. Takt nur Luft angesaugt, die im 2. Takt so stark verdichtet wird, dass sie sich auf 500 – 900 °C erhitzt. Durch eine Einspritzdüse wird der Dieseltreibstoff eingespritzt, welcher sich bei dieser hohen Temperatur selbständig, also ohne Zündkerze, entzündet.

Das typische „Nageln" eines Dieselmotors tritt nur zu Beginn, in der Warmlaufphase, auf:

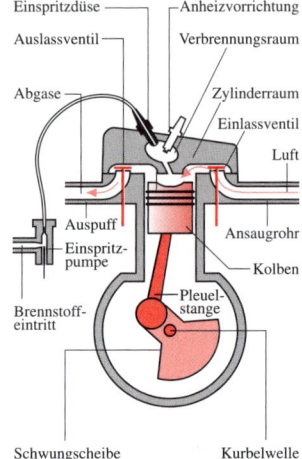

In dem noch kühlen Zylinder kondensieren immer *einige* der eingespritzten Treibstofftröpfchen, *ohne* sich zu entzünden. Bei der nächsten Einspritzphase explodieren sie dann zusammen mit dem neu hinzugekommenen Treibstoff auf *einen* Schlag. Die dabei entstehenden Druckstöße erzeugen das nagelnde Geräusch.

Auch ein Dieselmotor braucht Qualität

Die Qualität eines Dieselkraftstoffes wird durch die so genannte *Cetanzahl* beschrieben. Diese informiert darüber, wie leicht sich der betreffende Treibstoff beim Einspritzen in die verdichtete Luft des Zylinders entzündet.

Als Bezugskohlenwasserstoff dient das besonders zündfreudige *n-Hexadecan* (Cetan, $C_{16}H_{34}$), dem die Cetanzahl 100 zugeordnet wird.

$$CH_3 \overset{CH_2}{\diagup} CH_2 \overset{CH_2}{\diagup} CH_2 \overset{CH_2}{\diagup} CH_2 \overset{CH_2}{\diagup} CH_2 \overset{CH_2}{\diagup} CH_2 \overset{CH_2}{\diagup} CH_2 \overset{CH_2}{\diagup} CH_2 \overset{CH_2}{\diagup} CH_3$$

Der Dieseltreibstoff an den Tankstellen hat eine Cetanzahl von 50 – 65 und ist normalerweise für alle gängigen Kfz-Dieselmotoren geeignet.

Eine höhere Cetanzahl ist dennoch empfehlenswert, denn sie führt zu einer besseren Verbrennung und so zu niedrigeren Emissionen von Ruß und unverbrannten Kohlenwasserstoffen.

Wie geschmiert

Bei der Herstellung eines Motors müssen die Kolben *genau* in den jeweiligen Zylinder passen. Um eine starke Reibung zwischen Kolben und Zylinderwand, die zu einem raschen Verschleiß führen würde, zu verringern, muss die Fläche zwischen beiden Teilen geschmiert werden. Das dazu verwendete **Schmieröl** besteht aus einem Gemisch langkettiger Kohlenwasserstoffe.

Schmieröle sind jedoch ziemlich dickflüssig. Ihre so genannte **Viskosität** (↗S. 123) ist von der jeweils herrschenden Temperatur abhängig. Ein optimales Öl soll daher im Winter noch verhältnismäßig *dünnflüssig* sei, um den Motor sofort nach dem Kaltstart zu schmieren, im Sommer hingegen muss es noch genügend *dickflüssig* sein, um zu verhindern, dass der Ölfilm reißt.

Die Industrie hat *Mehrbereichsöle* entwickelt, die bei ganz verschiedenen Temperaturen nahezu immer die gleiche Viskosität besitzen. Solche Mehrbereichsöle bestehen aus langkettigen Kohlenwasserstoffen, denen ↗Additive (S. 82) zugesetzt worden sind.

Je niedriger die Zahl *vor* dem „W" (Winter), desto geeigneter ist das Öl bei Kälte. Je höher die Zahl *nach* dem „W", um so stärker ist das Öl in der Hitze belastbar.

Die Werte der Viskositätsnormen wurden von der *Society of Automotive Engineers* (SAE) festgelegt.

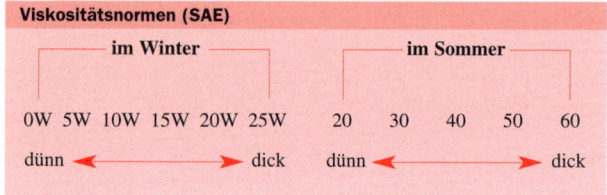

Warum muss das Öl gewechselt werden?

Jeder Autofahrer kennt die Last des regelmäßigen Ölwechsels, der dazu noch meist ziemlich kostspielig ist. Ist das nicht nur ein fauler Trick der Autolobby?

Leider nein, denn das Schmieröl verliert mit der Zeit seine für den Motor so wichtige Schmierfähigkeit:

- Durch die *Scherkräfte* zwischen Kolben und Zylinderwand werden die langkettigen Kohlenwasserstoffe zunehmend in kürzere Ketten „zerschnitten". Dadurch sinkt die Viskosität.
- Kondenswasser und unverbrannte Kraftstoffanteile *verdünnen* das Öl.
- Mechanischer Abrieb von Kolben und Zylinderwand *verunreinigen* das Öl und wirken schließlich wie „Scheuersand".

Synthetische Motoröle sind wegen ihrer hervorragenden Temperaturstabilität den Mineralölen überlegen, aber auch teurer. Sie basieren ebenfalls auf Erdöl, allerdings werden die Molekülketten in kürzere Stücke zerlegt und in gewünschter Länge und Struktur wieder zusammengesetzt. Additive verbessern die Schmierfähigkeit hinsichtlich der Vermeidung von Ablagerungen, der Ölalterung und der Aufnahmefähigkeit für Metallabrieb. Aber auch synthetische Mehrbereichsöle sind keine Wundermittel. Ein regelmäßiger Ölwechsel ist also unvermeidlich!

Brennstoffzellen für ein „sauberes" Auto?

Verbrennungsmotoren von Kraftfahrzeugen tragen zu einem erheblichen Teil zur ↗Luftverschmutzung (S. 18) bei. Aus diesem Grunde wäre ein Auto, das mit **Brennstoffzellen** betrieben wird, eine sinnvolle Alternative.

Brennstoffzellen benötigen Wasserstoff und Sauerstoff und erzeugen damit elektrische Energie. Neben der gewonnenen Energie entsteht in einer exothermen Reaktion nur Wasser. Die Vorteile solcher Energiequelle liegen auf der Hand:

- Die begrenzten fossilen Energieträger wie Erdöl, Erdgas und Kohle werden nicht benötigt.
- Es entstehen keine gesundheitsschädlichen bzw. treibhausfördernden Abgase.
- Der Wirkungsgrad (↗S. 123) dieser Zellen liegt bei 80% und ist damit gut *doppelt* so hoch wie bei herkömmlichen Verbrennungsmotoren.

Wie funktioniert eine Brennstoffzelle?

Brennstoffzellen bestehen wie ↗Batterien (S. 91) aus zwei Elektroden (↗S. 122 und einem Elektrolyten (↗S. 122). Wasserstoff wird auf der Anodenseite zugeführt und dort an einer dünnen Katalysatorschicht (↗S. 123) in Protonen (↗S. 123) und Elektronen zerlegt.

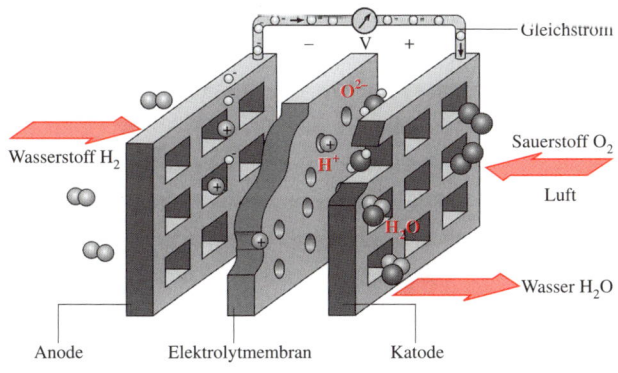

Die Elektronen fließen über einen elektrischen „Verbraucher" zur Kathode, wo mit ihrer Hilfe die Moleküle des zugeführten Sauerstoffs katalytisch in Sauerstoff-Ionen (O^{2-}) umgewandelt werden. Eine Protonen leitende Membran lässt die Protonen passieren und mit den Sauerstoff-Ionen zu Wassermolekülen reagieren.

Anode: $\quad 2\,H_2 \longrightarrow 4\,H^+ + 4\,e^-$
Kathode: $\quad O_2 + 4\,e^- \longrightarrow 2\,O^{2-}$
Summe $\quad \mathbf{4\,H^+ + 2\,O^{2-} \longrightarrow 2\,H_2O}$

Der elektrische „Verbraucher" ist ein *Elektromotor*, der auch ein Auto antreiben kann. Gegenüber einem herkömmlichen Verbrennungsmotor hat er den Vorteil, dass er sehr leise ist.
Der *Wasserstoff* könnte als Flüssiggas in Tanks mitgeführt werden, der *Sauerstoff* wird aus der Luft entnommen.
Noch ist ein solches Auto auf der Stufe der Erprobung, aber der mit Brennstoffzellen betriebene Elektromotor ist wahrscheinlich der Antrieb der Zukunft.

Chemie zum Starten

Ein kalter Wintertag – das Auto unter einer Schicht frisch gefallenen Schnees. Nach dem Ausgraben ein kurzes Drehen des Zündschlüssels und schon schnurrt der Motor: So sollte es sein! Aber nur, wenn „die Chemie stimmt", wenn die *Autobatterie* zuverlässig arbeitet.

Aufbau einer Autobatterie

Eine Batterie enthält prinzipiell drei Teile:

- einen *Minuspol*, der beim Stromfluss Elektronen abgibt, also *oxidiert* wird,
- einen *Pluspol*, der beim Stromfluss Elektronen aufnimmt, also *reduziert* wird,
- einen Elektrolyten (↗S. 122), der eine gute elektrische Leitfähigkeit hat.

Zwei Stoffe prägen das Innenleben einer geladenen Autobatterie: Blei und Schwefelsäure:

- Der Minuspol besteht aus *Blei* (Pb).
- Der Pluspol besteht aus *Blei(IV)-oxid* (PbO_2).
- Der Elektrolyt ist *Schwefelsäure* (H_2SO_4), deren Moleküle in wässriger Lösung eine ↗Protolyse (S. 107) erfahren haben:

$$H_2SO_4 + 2\ H_2O \longrightarrow 2\ H_3O^+ + SO_4^{2-}$$

Aus mehreren positiven bzw. negativen Platten werden jeweils zwei Plattensätze hergestellt und diese in einer Zelle zu einem Plattenblock vereinigt. Zwischen den positiven und negativen Platten befinden sich *Separatoren* aus Kunststoff, um die Platten voneinander elektrisch zu isolieren.

Sechs Zellen mit einer Spannung von je 2 V bilden in Reihe geschaltet eine 12-V-Einheit.

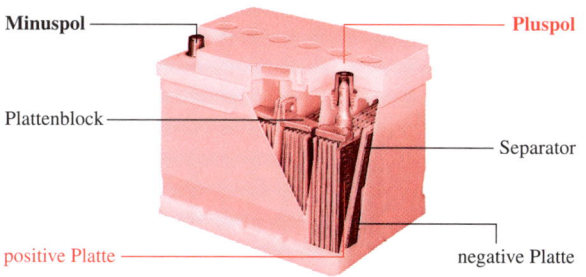

Minuspol — Pluspol

Plattenblock — Separator

positive Platte — negative Platte

Wie funktioniert eine Autobatterie?

Beim Betreiben eines elektrischen Geräts, z. B. des *Starters*, an der Autobatterie wird ein Stromkreis geschlossen. Dabei fließen Elektronen vom Minuspol der Batterie durch das Gerät zum Pluspol und lösen eine ↗Redoxreaktion (S. 105) aus:

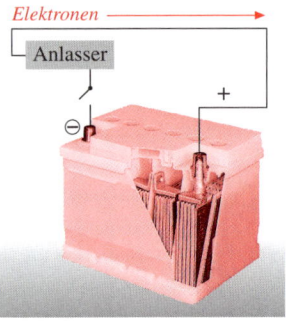

Elektronen

Anlasser

$\ominus$

+

Oxidation (Minuspol):
$$Pb \longrightarrow Pb^{2+} + 2\ e^-$$

Reduktion (Pluspol):
$$PbO_2 + 2\ e^- + 4\ H^+ \longrightarrow Pb^{2+} + 2\ H_2O$$

Die Protonen (H^+) stammen aus den bei der Protolyse der Schwefelsäure entstandenen ↗Oxonium-Ionen (S. 107).
Die an den beiden Elektroden gebildeten Blei-Ionen reagieren bereits beim Entstehen mit den in der Schwefelsäure enthaltenen Sulfat-Ionen zu schwerlöslichem Bleisulfat ($PbSO_4$), das sich an beiden Elektroden als Belag absetzt.
Beide Teilreaktionen lassen sich daher wie folgt ergänzen:

Minuspol:
$$Pb + SO_4^{2-} \longrightarrow \mathbf{PbSO_4} + 2\ e^-$$

Pluspol:
$$PbO_2 + 2\ e^- + 4\ H^+ + SO_4^{2-} \longrightarrow \mathbf{PbSO_4} + 2\ H_2O$$

Je mehr Bleisulfat sich an beiden Polen bildet, desto mehr wird die Batterie entladen.
Während des Entladens werden dem Elektrolyten ständig Protonen und Sulfat-Ionen entzogen. Gleichzeitig bildet sich Wasser. Dadurch nimmt die Konzentration der Schwefelsäure ab und ihre Dichte wird geringer.

Was bedeutet bei einer Autobatterie die Angabe „45 Ah"?

Die Ladungsmenge, die eine Batterie bis zur vollständigen Entladung abgeben kann, nennt man *Kapazität* und meint damit ihre Speicherfähigkeit. Diese wird in der Einheit *Amperestunden* (Ah) angegeben und ist so bemessen, dass eine voll funktionsfähige Autobatterie bei einer Temperatur von 27 °C erst nach eine Dauer von 20 Stunden entladen ist. Dabei darf die Zellenspannung nicht unter 1,75 V sinken. Aus einer Autobatterie mit einer Kapazität von 45 Ah kann unter diesen Bedingungen demnach ein Strom folgender Stärke entnommen werden: 45 Ah : 20 h = 2,25 A.

Warum muss man Autobatterien nicht ständig wechseln?

Batterien müssen, nachdem sie entladen sind, ausgetauscht werden. Eine Autobatterie kann „bei guter Pflege" mehrere Jahre gute Dienste leisten, ohne ihren „Geist aufzugeben". Der Grund: Die Batterie eines Autos ist wieder *aufladbar* und damit ein *Akkumulator* (lat. *accumulo*: anhäufen), also ein Gerät, das Ladung „anhäufen" kann.

> **Hinweis:** Die Bezeichnung „Batterie" ist also nicht ganz zutreffend, hat sich aber im Alltagsgebrauch für das Auto durchgesetzt.

Was geschieht beim Laden des Akkumulators?

Sobald der Automotor läuft, wird elektrische Energie von der *Lichtmaschine* geliefert und dabei auch der Starterbatterie zugeführt, die sich nach der anstrengenden Arbeit wieder aufladen kann. Dabei erfolgt die beim Entladen stattfindende Redoxreaktion in *umgekehrter* Richtung:

- Am Minuspol der Batterie wird das Bleisulfat zu elementarem Blei *reduziert*.
- Am Pluspol der Batterie wird das Bleisulfat zu Blei(IV)-oxid *oxidiert*.
- Bei der Reaktion werden Protonen und Sulfat-Ionen freigesetzt. Dadurch nimmt die *Dichte* der Schwefelsäure zu.

Die chemischen Vorgänge im Akkumulator sind demnach umkehrbar.

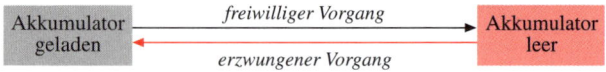

| Akkumulator geladen | *freiwilliger Vorgang* → | Akkumulator leer |
| | ← *erzwungener Vorgang* | |

Warum kann man Akkus aufladen, Batterien aber nicht?

Eine Batterie funktioniert im Prinzip genauso wie ein Akkumulator, wie das Beispiel einer häufig verwendeten Knopfzelle zeigt. Der Minuspol besteht aus Zink, der Pluspol aus Silber(I)-oxid, der Elektrolyt ist Kaliumhydroxid.

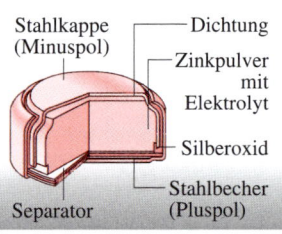

Minuspol: $Zn \longrightarrow Zn^{2+} + 2\,e^-$

Pluspol: $Ag_2O + 2\,e^- + H_2O \longrightarrow 2\,Ag + 2\,OH^-$

Die an den Polen gebildeten Zink- und Hydroxid-Ionen sind wasserlöslich und gehen daher in den Elektrolyten über. Ein elektrochemisches Element ist aber nur dann aufladbar, wenn sich die beim Entladen entstehenden Produkte *nicht* im Elektrolyten lösen, sondern an den *Elektroden bleiben*, um dort beim Ladevorgang wieder reduziert bzw. oxidiert werden zu können.

Überprüfung des Ladezustands

Von Zeit zu Zeit ist es sinnvoll, den Ladezustand einer Autobatterie zu überprüfen, vor allem im Winter, wenn das Auto längere Zeit in der Kälte gestanden hat.

Zunächst sollte überprüft werden, ob die Plattenblöcke von Säure bedeckt sind. Der Flüssigkeitspegel sollte über den Plattenblöcken liegen, hier ist gegebenenfalls destilliertes Wasser nachzufüllen.

Anschließend sollte mit einem Säureprüfer eine Messung der *Säuredichte* vorgenommen werden, da diese eine Information (↗S. 92) über den Ladezustand gibt.

- Bei einer intakten Batterie sollte diese bei allen Zellen einen annähernd gleichen Wert von 1,25 g/cm^3 aufweisen.
- Liegt der Wert deutlich darunter, sollte der Akku mit einem Ladegerät aufgeladen werden.

Ein letzter Test ist die Hochstromprüfung. Die Batterie wird dabei für ca. 10 s praktisch *kurzgeschlossen*, wobei sie dem dreifachen Wert der Normalbelastung ausgesetzt wird.

Wenn die Spannung während dieser Zeitspanne deutlich absinkt, muss die Batterie ersetzt werden.

Chemie für gute Luft

Beim Verbrennen von Benzin entstehen neben Kohlenstoffdioxid und Wasser noch weitere – stark umweltbelastende und daher nicht erwünschte – Reaktionsprodukte:

- Bei unvollständiger Verbrennung bilden sich *Kohlenstoffmonooxid* (CO) sowie neu zusammengesetzte, zum Teil sehr giftige und Krebs erregende *Kohlenwasserstoffe* (allgemein: C_nH_{2n+2} für n = 1, 2, 3 ...)
- Bei den hohen Temperaturen im Zylinder reagiert ein Teil des angesaugten Luftstickstoffs mit Sauerstoff zu ebenfalls hochgiftigen ↗Stickoxiden (S. 18), hauptsächlich *Stickstoffmonooxid* (NO).

Durch den Einsatz eines **Katalysators** (↗S. 123) können die genannten Stoffe zum großen Teil in unschädliche Produkte umgewandelt werden.

Woraus besteht ein Autokatalysator?

Die derzeit üblichen Katalysatoren sind **Waben-Dreiweg-Katalysatoren**.

Der Grundkörper dieses Katalysatortyps, der Träger, besteht aus einem hochtemperaturbeständigen Keramikmaterial in Form eines Zylinders, der in Strömungsrichtung von vielen parallelen *wabenförmigen* Kanälen durchzogen ist.

Als katalytisch wirksame Substanzen sind auf diesen Träger in fein verteilter Form etwa 1,5 g Platin, Palladium oder Rhodium aufgebracht.

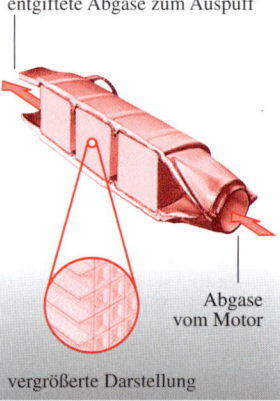

entgiftete Abgase zum Auspuff

Abgase vom Motor

vergrößerte Darstellung

Diese Edelmetalle ermöglichen die Oxidation von Kohlenstoffmonooxid und Kohlenwasserstoffen zu Kohlenstoffdioxid und Wasser. Gleichzeitig werden Stickoxide zu Stickstoff reduziert.

Wie wirkt der Autokatalysator?

Die Wirkung eines Katalysators beruht darauf, dass er Reaktionen, die zu langsam oder überhaupt nicht ablaufen, in Gang setzt bzw. beschleunigt.
- Dabei bildet er zunächst mit einem der Reaktionspartner ein reaktionsfähiges Zwischenprodukt.
- Dieses reagiert mit dem anderen Reaktionspartner weiter und setzt den Katalysator wieder frei.

Der Katalysator wird also nicht verbraucht.

Durch den **Autokatalysator** (kurz „Kat") werden zwischen den Bestandteilen der Auspuffgase mehrere Reaktionen ermöglicht, die ohne Katalysator nicht stattfinden würden:

Oxidation mit Sauerstoff zu CO_2 und H_2O

$$C_nH_{2n+2} + 2n\,O_2 \longrightarrow n\,CO_2 + 2n\,H_2O$$
$$2\,CO + O_2 \longrightarrow 2\,CO_2$$

Oxidation mit Wasserdampf zu Wasserstoff

$$C_nH_{2n+2} + 2n\,H_2O \longrightarrow n\,CO_2 + (3n+1)\,H_2$$
$$CO + H_2O \longrightarrow CO_2 + H_2$$

Reduktion von Stickoxiden zu Stickstoff

$$2\,CO + 2\,NO \longrightarrow N_2 + 2\,CO_2$$
$$2\,H_2 + 2\,NO \longrightarrow N_2 + 2\,H_2O$$

Eine optimale Umsetzung aller Schadstofftypen ist nur bei einem bestimmten Kraftstoff-Luft-Verhältnis möglich.

In der Praxis wird der jeweils erforderliche Luftanteil über eine so genannte *Lambda-Sonde* (λ-Sonde) im Auspuffkanal vor dem Katalysator erfasst:

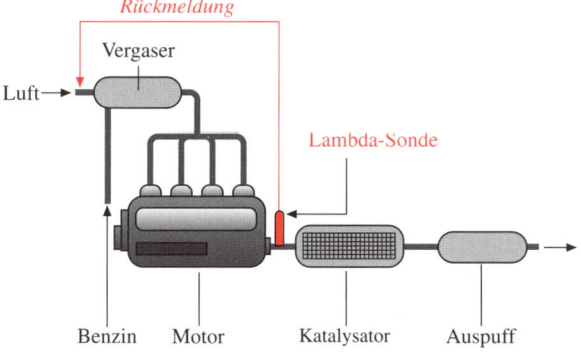

Die Luftmenge wird vom System automatisch so eingeregelt, dass ein Wert von $\lambda = 1$ erreicht wird. Das folgende Diagramm stellt den Umsetzungsrad der einzelnen Schadstoffe in Abhängigkeit vom λ-Wert dar:

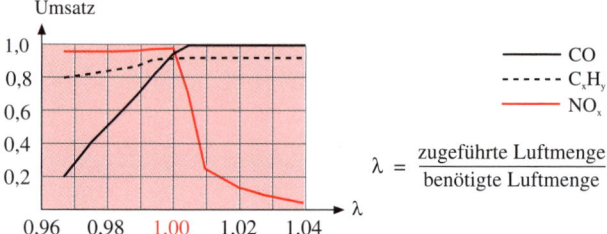

$$\lambda = \frac{\text{zugeführte Luftmenge}}{\text{benötigte Luftmenge}}$$

Kat für den Diesel?

Bei Ottomotoren ermöglicht der Einsatz eines Katalysators eine Verringerung der in den Auspuffgasen vorhandenen Schadstoffe um mehr als 90%.

Bei *Dieselmotoren* funktionieren die dort verwendeten Katalysatoren nicht. Da hier die Verbrennung bei *hohem Luftüberschuss* stattfindet, kann eine Reduktion von Stickoxiden durch einen Katalysator nicht ablaufen.

Allerdings ist es gelungen, die Rußemission durch ein Filter, welches die Rußteilchen sammelt und nachverbrennt, drastisch zu verringern.

Atombau und chemische Bindung

Vorstellungen vom Atom

Atome sind nach antiker Vorstellung die kleinsten Teilchen der Materie. Sie sind, so man an ihre Existenz glaubt, so klein, dass man sie durch keinerlei Vorrichtung sichtbar machen kann. Daher hat man für sie verschiedene *Modelle* entwickelt.

Zur Erklärung vieler chemischer Eigenschaften hat sich das so genannte Schalenmodell des Atoms bewährt:

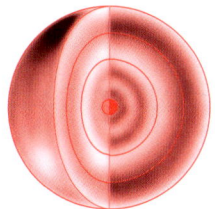 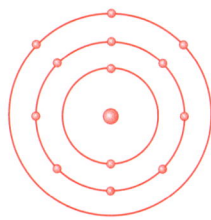

- Ein Atom besteht aus einem kompakten, elektrisch positiv geladenen Atomkern, der von unterschiedlich vielen konzentrischen Schalen umgeben ist.
- Auf den Schalen befinden sich elektrisch negativ geladene Elektronen, wobei die Gesamtladung aller Elektronen die Ladung des Atomkerns ausgleicht.
- Die äußerste Schale des Atoms kann Elektronen abgeben bzw. aufnehmen.
- Die Elektronen sind gegenüber dem Kern so winzig klein, dass die Atome zum größten Teil aus „Nichts" bestehen.

Es gibt weitere, viel kompliziertere Atommodelle als das Schalenmodell. Sie werden jedoch im Rahmen dieses Buchs nicht benötigt.

Einteilung von Stoffen

Stoffe werden nach ihren Eigenschaften in verschiedene Gruppen unterteilt:

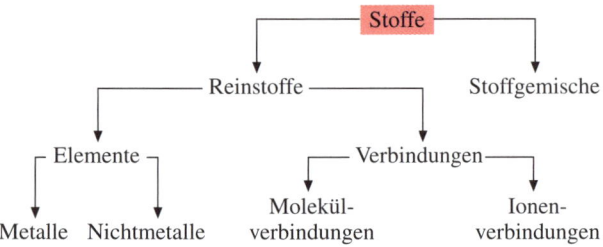

Was ist ein Element?

Ein *Element* ist ein Stoff, der aus nur einer Atomart besteht. Die Atome verschiedener Elemente unterscheiden sich in ihren Atomkernen und ihrer Elektronenzahl:

Periodensystem der Elemente im Schalenmodell (Auszug)								
	1. Gruppe	2. Gruppe	3. Gruppe	4. Gruppe	5. Gruppe	6. Gruppe	7. Gruppe	8. Gruppe
1. Periode	H 1							He 2
2. Periode	Li 3	Be 4	B 5	C 6	N 7	O 8	F 9	Ne 10
3. Periode	Na 11	Mg 12	Al 13	Si 14	P 15	S 16	Cl 17	Ar 18

Bei den *Metallen* bilden diese Atome ein *Metallgitter* aus ortsfesten elektrisch positiv geladenen *Ionen* (↗S. 123) und dazwischen frei beweglichen Elektronen.

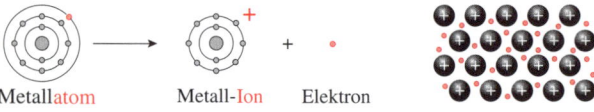

Metallatom   Metall-Ion   Elektron

Bei den Nichtmetallen sind zwei oder mehrere Atome durch gemeinsame *Elektronenpaare* miteinander zu *Molekülen* (↗S. 123) verbunden. Im festen Zustand bilden diese Nichtmetalle ein *Molekülgitter*.

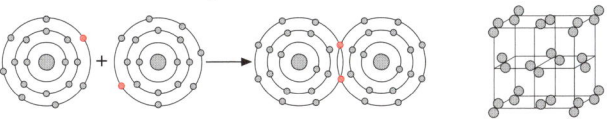

Hinweis: Die Edelgase (↗S. 122) bilden keine Moleküle, sondern einzelne Atome.

Verbindung und Stoffgemisch

Eine *Verbindung* ist ein Stoff, der aus mindestens zwei Atomarten besteht. Die unterschiedlichen Atome können auf zwei Arten miteinander verbunden sein:

- Die Atome verbinden sich zu einem *Molekül*. Diese bilden im festen Zustand ebenfalls ein *Molekülgitter*.

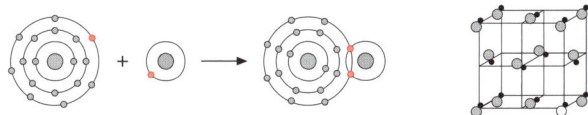

- Die Atome liegen als unterschiedlich geladene *Ionen* vor. Diese bilden miteinander immer ein *Ionengitter*.

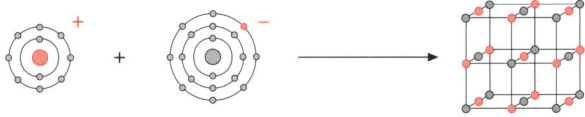

Verbindungen und Elemente sind *Reinstoffe*. Sie haben auf der Teilchenebene eine einheitliche Struktur.
In der Natur kommen Reinstoffe nur selten vor. Meist sind sie mit anderen Reinstoffen vermengt und bilden uneinheitliche *Stoffgemische*.

Symbole und Formeln

Jedes chemische Element hat ein international vereinbartes Elementsymbol, das auch bei der Darstellung der *Formel* einer *Verbindung* verwendet wird.

Element	Symbol	Verbindung	Formel
Wasserstoff	H		
Sauerstoff	O		
		Wasser	H_2O

Was sagt eine Formel aus?

Eine chemische Formel ist mehr als nur die „Abkürzung" eines Stoffes. Sie gibt an, in welchem Teilchenverhältnis die beteiligten Atome miteinander verbunden sind:

H_2O 〈 Stoff ist Wasser, ein *Oxid* des Wasserstoffs.

Wasserstoffatome und Sauerstoffatome sind Im Verhältnis **2 : 1** miteinander verbunden.

Für Nichtmetalle und Molekülverbindungen gibt es eine weitere Darstellung: die *Strukturformel*. Die Strukturformel zeigt die Bindungsverhältnisse zwischen den Atomen eines Moleküls und ihre räumliche Anordnung.

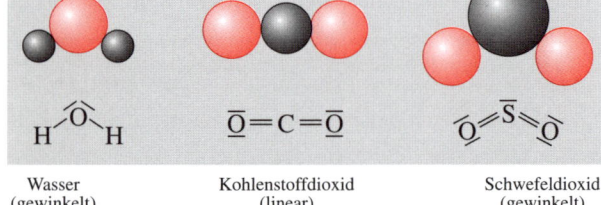

Wasser (gewinkelt)	Kohlenstoffdioxid (linear)	Schwefeldioxid (gewinkelt)

Jeder „Strich" stellt ein Elektronenpaar dar. Elektronenpaare zwischen den Atomsymbolen sind die *bindenden* Elektronenpaare.

Polare Bindung

Innerhalb eines Moleküls hat jedes der miteinander verbundenen Atome ein eigenes Bestreben, das jeweils bindende Elektronenpaar zu sich heranzuziehen.

> Ein Maß für das Bestreben eines Atoms, Elektronen innerhalb einer Bindung an sich zu ziehen, ist die so genannte *Elektronegativität* („EN").

Die Elektronegativitäten der Atome werden durch Zahlenwerte ausgedrückt. Je *größer* die Zahl, desto *stärker* das Bestreben, Elektronen anzuziehen.

Element	EN	Element	EN
Wasserstoff	2,1	Chlor	3,0
Kohlenstoff	2,5	Stickstoff	3,0
Schwefel	2,5	Sauerstoff	3,5
Brom	2,8	Fluor	4,0

Innerhalb eines Moleküls aus Atomen unterschiedlicher Elektronegativität liegt daher eine *Ladungsverschiebung* vor.

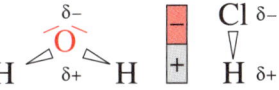

Die Bindung zwischen den betreffenden Atomen bezeichnet man als **polare Elektronenpaarbindung**, die Moleküle als **polare Moleküle**.

Auf Grund des stark polaren Charakters von Wassermolekülen sind diese in der Lage, sich jeweils mit den entgegengesetzt geladenen Polen aneinander zu lagern und so genannte **Wasserstoffbrückenbindungen** einzugehen.

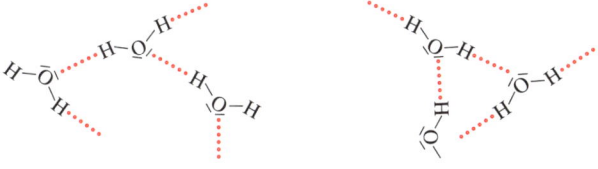

Molekülstruktur von flüssigem Wasser (Ausschnitt)

Chemische Reaktionen

Darstellung einer chemischen Reaktion

Eine chemische Reaktion erkennt man daran, dass sich Stoffe in andere Stoffe umwandeln, die völlig andere Eigenschaften haben als die Ausgangsstoffe.

Praktisch alle chemischen Reaktionen sind mit einer Aufnahme oder Abgabe von Energie verbunden, meist in Form von *Wärme,* häufig auch mit einer *Lichterscheinung*.

Reaktionsgleichungen

Eine chemische Reaktion wird durch eine ***Reaktionsgleichung*** dargestellt. Dies geschieht entweder mit Hilfe von Stoffnamen oder Symbolen bzw. Formeln.

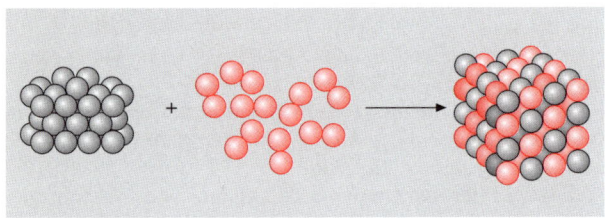

Magnesium	+	Sauerstoff	$\longrightarrow$	Magnesiumoxid
$2\,Mg$	+	O_2	$\longrightarrow$	$2\,MgO$

In diesem Beispiel lösen sich Magnesiumatome aus dem Metallgitter und reagieren mit zweiatomigen Sauerstoffmolekülen zu einem Ionengitter aus Magnesium-Ionen und Sauerstoff-Ionen im Verhältnis **Mg : O = 1 : 1**.

> **Hinweis:** Sauerstoff liegt wie andere gasförmige Nichtmetalle in Form zweiatomiger Moleküle vor.

Reaktionsarten

Es gibt im Prinzip so viele Reaktionen, wie es Stoffe gibt. Dennoch sind einige Reaktionen darunter, die immer wieder auftreten.

Oxidation und Reduktion

Im engeren Sinn ist eine *Oxidation* die Reaktion eines Stoffes mit Sauerstoff unter Bildung von Oxiden. Eine *Reduktion* ist die *Umkehrung* dieses Vorgangs: Einem Stoff wird Sauerstoff entzogen.

Auf der Teilchenebene stellt sich die Oxidation z. B. folgendermaßen dar:

$$2\,Mg \longrightarrow 2\,Mg^{2+} + 4\,e^-\qquad \textit{Abgabe von Elektronen}$$

$$O_2 + 4e^- \longrightarrow 2\,O^{2-}\qquad \textit{Aufnahme von Elektronen}$$

Bei einer Reduktion würden die Magnesium-Ionen wieder Elektronen aufnehmen.

> **Allgemein gilt:**
> Eine Oxidation ist eine Elektronen*abgabe*, eine Reduktion ist eine Elektronen*aufnahme*.

Das angeführte Beispiel zeigt, dass die Sauerstoffmoleküle bei der Oxidation von Magnesium Elektronen *aufnehmen* und demnach *reduziert* werden.

Bei jeder Oxidation findet somit beim Reaktionspartner immer eine Reduktion statt. Beide Reaktionen werden daher unter dem Begriff **Redoxreaktion** zusammengefasst.

> Eine Redoxreaktion beschreibt eine Übertragung von Elektronen.

> **Hinweis:** Die Definitionen für Oxidation und Reduktion sind nicht auf Reaktionen mit Sauerstoff beschränkt. Sie gelten für alle Vorgänge, bei denen Elektronen abgegeben bzw. aufgenommen werden.

Metalle haben eine unterschiedlich starke Oxidationsneigung. So überzieht sich z. B. ein Eisennagel, der sich in der Lösung eines Kupfersalzes befindet, mit einer Schicht aus elementarem Kupfer, wobei sich das Eisen gleichzeitig auflöst.

$$Fe \longrightarrow Fe^{2+} + 2\ e^- \qquad \text{Oxidation}$$

$$Cu^{2+} + 2\ e^- \longrightarrow Cu \qquad \text{Reduktion}$$

$$Fe + Cu^{2+} \longrightarrow Fe^{2+} + Cu \quad \text{Redoxreaktion}$$

Auf ähnliche Weise lassen sich Versuche mit anderen Metallen und deren Salzlösungen durchführen und damit eine **_Redoxreihe_** aufstellen:

Li K Ca Na Mg Al Zn Fe Pb H Cu Ag Hg Au

⬅ ———————— *Oxidationsneigung nimmt zu* ⬅

Je größer die Oxidationsneigung eines Metalls ist, desto *unedler* ist es.

> Metalle, die eine *größere* Oxidationsneigung haben als Wasserstoff, bezeichnet man als **_unedle Metalle_**. Metalle, die eine *geringere* Oxidationsneigung haben als Wasserstoff, bezeichnet man als **_Edelmetalle_**.

> **Hinweis:** Die Einbeziehung des Wasserstoffs (H) in die Reihe berücksichtigt das Verhalten von Metallen gegenüber ↗Säurelösungen (S. 107), die Oxonium-Ionen enthalten. Unedle Metalle lösen sich in Säuren auf, wobei elementarer Wasserstoff entsteht.

$$Fe \longrightarrow Fe^{2+} + 2\ e^- \qquad \text{Oxidation}$$

$$2\ H^+ + 2e^- \longrightarrow H^2 \qquad \text{Reduktion}$$

$$Fe + 2H^+ \longrightarrow Fe^{2+} + H_2 \quad \text{Redoxreaktion}$$

Protolyse

Es gibt Stoffe, deren Moleküle in der Lage sind, Protonen (↗S. 123) *abzuspalten*. Solche Stoffe bzw. deren Moleküle bezeichnet man als **Säuren**. Der genannte Vorgang erfolgt aber nur in Gegenwart von anderen Stoffen, deren Teilchen im gegebenen Fall bereit sind, diese Protonen *aufzunehmen*. Solche Teilchen bezeichnet man als **Basen**.

Den Übergang eines Protons von einem Teilchen auf ein anderes bezeichnet man als **Protolyse**.

Säuremoleküle haben ein unterschiedlich starkes Bestreben, Protonen abzuspalten. Je *größer* dazu die Neigung ist, umso *stärker* ist die Säure.

HCl	Salzsäure	
HNO_3	Salpetersäure	
H_2SO_4	Schwefelsäure	
H_2SO_3	schweflige Säure	Säurestärke nimmt zu.
H_3PO_4	Phosphorsäure	
HCOOH	Ameisensäure	
H_2CO_3	Kohlensäure	

Von besonderer Bedeutung ist das Lösen von Säuren in *Wasser*. Bei der dabei stattfindenden Protolyse (s. oben) entstehen neben **Säurerest-Ionen** immer sogenannte **Oxonium-Ionen** (H_3O^+), die für den typischen Geschmack saurer Lösungen verantwortlich sind.

Je *stärker* eine Säure ist, desto *saurer* ist ihre wässrige Lösung bei gleicher Konzentration (↗saurer Regen, S. 19).

$$H-\overset{\displaystyle H}{\underset{\displaystyle H}{|}}\overset{|}{\underset{|}{N}}| \; + \; |\overline{O}-H \longrightarrow H-\overset{\displaystyle H}{\underset{\displaystyle H}{|}}\overset{|}{\underset{|}{N}}\overset{\oplus}{}-H \; + \; \overset{\ominus}{}|\underline{\overline{O}}-H$$

Wassermoleküle können auch die Funktion einer *Säure* übernehmen, wenn sie mit Teilchen zusammenkommen, die ein im Vergleich größeres Bestreben haben, Protonen *aufzunehmen*.

Reines Wasser besteht aus Molekülen und ist daher im Prinzip ein elektrischer Nichtleiter. Dennoch ist es in sehr geringem Maße durch Protolyse in Ionen gespalten.

$$H_2O \; + \; H_2O \longrightarrow H_3O^+ \; + \; OH^-$$

Trotz des Vorliegens von Oxonium-Ionen hat Wasser *keine* saure Wirkung, weil diese durch eine gleich starke *alkalische* Wirkung des **Hydroxid-Ions** ($-OH^-$) aufgehoben wird. Wasser ist demnach *neutral* (↗Neutralisation S. 110). Bei der wässrigen Lösung einer *Säure* überwiegt die Konzentration der Oxonium-Ionen. Die Lösung ist daher *sauer*. Entsprechend überwiegt bei einer ↗*Lauge* (S. 110) die Konzentration der Hydroxid-Ionen. Die Lösung ist *alkalisch*.

> Je *mehr* Oxonium-Ionen eine Lösung enthält, umso *geringer* ist ihre Konzentration von Hydroxid-Ionen und umgekehrt.

Die so genannte **pH-Skala** ist ein Maß für die jeweilige Konzentration der Oxonium-Ionen in der Lösung:

pH-Wert	Lösung ist ...
0 – 7	stark sauer – schwach sauer
7	neutral
7 – 14	schwach alkalisch – stark alkalisch

Chemische Stoffklassen

Anorganische Stoffe

Anorganische Stoffe sind Stoffe der so genannten unbelebten Natur. Dazu zählen vor allem die unterschiedlichen Gesteine, aber auch die von der chemischen Industrie hergestellten ↗Säuren, ↗Laugen und anorganischen ↗Salze (S. 110).

Viele Gesteine in der Natur enthalten *Oxide* in unterschiedlichen Anteilen. Der weitverbreitete Quarz besteht als *Bergkristall* aus fast reinem Siliziumdioxid (SiO_2).

Andere Gesteine sind *Sulfide*, Verbindungen von Metallen mit Schwefel. Ein bekanntes Beispiel ist der goldfarbene *Pyrit*, ein Eisensulfid (FeS_2).

Säuren und Hydroxide

Säuren sind *Molekülverbindungen* der allgemeinen Formel

$$H_nA.$$ $n = 1, 2, 3 \ldots$

H: Wasserstoffatome, die in einer ↗Protolyse (S. 107) als Protonen abgespalten werden können.

A: Der Säurerest, der nach der Protolyse als negativ geladenes Ion (↗S. 123) vorliegt.

Hydroxide sind Ionenverbindungen der allgemeinen Formel

$$Me(OH)_m.$$ $m = 1, 2, 3 \ldots$

Me: Positiv geladenes Metall-Ion im Ionengitter
OH: Negativ geladenes Hydroxid-Ion.

Hinweis: Säuren sind bei Normaltemperatur gasförmig, flüssig oder fest, Hydroxide sind immer fest.

Beim Lösen in Wasser zeigen *wasserlösliche* Säuren und Hydroxide unterschiedliche Reaktionen:

- Bei Säuren bilden sich durch Protolyse ↗Oxonium-Ionen (S. 107) und Säurerest-Ionen. Die dabei entstehende Lösung ist **sauer**.
- Bei Hydroxiden werden die Metall- und Hydroxid-Ionen durch die Wassermoleküle aus dem Ionengitter herausgelöst. Die dabei entstehende Lösung ist eine **Lauge** und **alkalisch**.

Beim Vermischen einer Säurelösung mit einer Lauge findet eine Protolyse statt:

$$H_3O^+ + OH^- \longrightarrow H_2O + H_2O$$

Bei gleichen Konzentrationen der beiden Ionen heben sich die sauren und alkalischen Eigenschaften von Säurelösung und Lauge gegenseitig auf. Das Reaktionsprodukt ist neutrales Wasser. Diesen Vorgang bezeichnet man daher als **Neutralisation**.

Salze

Salze sind Ionenverbindungen der allgemeinen Formel

Me_nA_m. $\quad$ m, n = 1, 2, 3 ...

Me: Positiv geladenes Metall-Ion im Ionengitter
A: Säurerest-Ion

Die Namen der Salze leiten sich von der Säure ab, die dem jeweiligen Säurerest zugeordnet ist.

Säure		Salz	
Salzsäure	HCl	Chlorid	Cl^-
schweflige Säure	H_2SO_3	Sulfit	SO_3^{2-}
Schwefelsäure	H_2SO_4	Sulfat	SO_4^{2-}
Phosphorsäure	H_3PO_4	Phosphat	PO_4^{3-}
Salpetersäure	HNO_3	Nitrat	NO_3^-
Kohlensäure	H_2CO_3	Carbonat	CO_3^{2-}

Organische Stoffe

Organische Stoffe gelten als solche, die nur von lebenden Organismen gebildet werden können bzw. dort ihren Ursprung haben. Dies stimmt zwar nicht, denn die meisten organischen Stoffe werden inzwischen aus „totem Material" hergestellt.

Dennoch wurde der Begriff „organisch" beibehalten, denn eines haben die genannten Stoffe gemeinsam: Alle sind Verbindungen des *Kohlenstoffs*.

Kohlenwasserstoffe

Da Kohlenstoffatome in der Lage sind, mit sich selbst Bindungen einzugehen, gibt es eine Vielzahl von Kohlenwasserstoffen.

Die *Benennung* eines Kohlenwasserstoffs richtet sich grundsätzlich nach der *Anzahl* der im Molekül gebundenen Kohlenstoffatome.

Kohlenwasserstoffe	Formel	Alkylrest	Formel
Methan	CH_4	Methyl -	CH_3 -
Ethan	C_2H_6	Ethyl -	C_2H_5 -
Propan	C_3H_8	Propyl -	C_3H_7 -
Butan	C_4H_{10}	Butyl -	C_4H_9 -
Pentan	C_5H_{12}	Pentyl - (Amyl -)	C_5H_{11} -
Hexan	C_6H_{14}	Hexyl -	C_6H_{13} -
Heptan	C_7H_{16}	Heptyl -	C_7H_{15} -
Oktan	C_8H_{18}	Oktyl -	C_8H_{17} -
Nonan	C_9H_{20}	Nonyl -	C_8H_{19} -
Dekan	$C_{10}H_{22}$	Dekyl -	$C_{10}H_{21}$ -

Hinweis: Die *Alkylreste*, die mit anderen Atomen bzw. Atomgruppen verbunden sein können, werden durch den Buchstaben „R" abgekürzt.

Kohlenwasserstoffe lassen sich nach ihrer Molekülstruktur in drei Gruppen einteilen:

- kettenförmige Kohlenwasserstoffe,

$$CH_3 - CH_2 - CH_3 \qquad \text{Prop\textbf{an}}$$
$$CH_3 - CH = CH_2 \qquad \text{Prop\textbf{en}}$$
$$CH_3 - C \equiv CH \qquad \text{Prop\textbf{in}}$$

- ringförmige Kohlenwasserstoffe,

vollständig   Darstellung   vereinfacht   **Cyclohexan**

- aromatische Kohlenwasserstoffe.

vollständig   Darstellung   vereinfacht   **Benzol**

Kohlenwasserstoffe haben folgende Eigenschaften:
- Sie bilden unpolare Moleküle (↗S. XX) und sind in Wasser nicht löslich.
- Sie sind brennbar.
- Kohlenwasserstoffe, deren Moleküle Mehrfachbindungen aufweisen, sind in der Lage, mit anderen Stoffen eine Additionsreaktion einzugehen.

Alkohole

Alkoholmoleküle haben folgende allgemeine Struktur:

R – OH

R: Alkylrest
OH: Hydroxylgruppe

Die **Hydroxylgruppe** ist stark ↗polar (S. 103). Sie ist ein typisches Kennzeichen für Alkoholmoleküle und für die Eigenschaften von Alkoholen verantwortlich.

Den Teil eines Moleküls, der die charakteristischen Eigenschaften des betreffenden Stoffs bestimmt, bezeichnet man als **funktionelle Gruppe**.

Hinweis: Die Namen von Alkoholen enden immer auf die Silbe **-ol**. Nicht zu Alkoholen gehören jedoch die aromatischen Kohlenwasserstoffe *Benzol* und *Toluol*.

Alkohole haben folgende Eigenschaften:
- Die kurzkettigen Alkohole sind brennbar.
- Die kurzkettigen Alkohole sind wegen der im Molekül vorliegenden polaren *Hydroxylgruppen* gut wasserlöslich. Die Wasserlöslichkeit nimmt jedoch mit steigender Kettenlänge ab.
- Mit steigender Anzahl von Hydroxylgruppen im Molekül nimmt die Wasserlöslichkeit zu.
- Alkohole lassen sich zu ↗Aldehyden bzw. ↗Ketonen (S. 114) oxidieren.

$$CH_3-\underset{H}{\overset{O-H}{\underset{|}{\overset{|}{C}}}}-H \ + \ [O] \ \longrightarrow \ CH_3-C\overset{\nearrow O}{\underset{\searrow H}{}} \ + \ H_2O$$

Aldehyd

$$CH_3-\underset{CH_3}{\overset{O-H}{\underset{|}{\overset{|}{C}}}}-H \ + \ [O] \ \longrightarrow \ CH_3-C\overset{\nearrow O}{\underset{\searrow CH_3}{}} \ + \ H_2O$$

Keton

Aldehyde und Ketone

Moleküle von Aldehyden und Ketonen haben folgende allgemeine Struktur:

Aldehyd (Alkanal)   **Keton (Alkanon)**

R: Alkylrest
C=O: Carbonylgruppe

Die **Carbonylgruppe** ist die funktionelle Gruppe beider Stoffarten.

Hinweis: Die Namen von Aldehyden enden immer auf die Silbe **-al**, die der Ketone auf **-ol**.

Aldehyde und Ketone haben folgende Eigenschaften:
- Die Carbonylgruppe von Aldehyden und Ketonen hat das Bestreben, mit geeigneten Partnern ↗Additionsreaktionen (S. 112) einzugehen. Diese Eigenschaft ist besonders deutlich bei Aldehyden ausgeprägt.

Aldehyd   **Alkohol**   **Halbacetal**

- Aldehyde lassen sich leicht zu ↗Carbonsäuren (S. 115) oxidieren. Daher sind sie in der Lage, geeignete Stoffe zu ↗reduzieren (S. 105).

Aldehyd   **Carbonsäure**

Carbonsäuren und Ester

Moleküle von Carbonsäuren sind ↗polar (S. 103) und haben folgende allgemeine Struktur:

$$R - C \underset{O}{\overset{O - H}{\Big\langle}}$$

Carbonsäure (Alkansäure)

R: Alkylrest
COOH: Carboxylgruppe
Die funktionelle Gruppe der Carbonsäuren ist die *Carboxylgruppe*.

Hinweis: Viele Carbonsäuren beziehen ihren Namen auf ihr natürliches Vorkommen. Die systematischen Bezeichnungen beginnen mit dem Namen des Stammkohlenwasserstoffs und enden auf die Silbe **-säure**.

Säure	Struktur	Vorkommen
Ameisensäure (Methansäure)	$H - COOH$	Ameise, Brennnessel
Essigsäure (Ethansäure)	$CH_3 - COOH$	Essig
Buttersäure (Butansäure)	$C_3H_7 - COOH$	in ranziger Butter
Valeriansäure (Pentansäure)	$C_4H_9 - COOH$	als Ester im Baldrian
Capronsäure (Hexansäure)	$C_5H_{11} - COOH$	im Schweiß der Ziege (lat: *capra*, Ziege)
Palmitinsäure (Hexadekansäure)	$C_{15}H_{31} - COOH$	als Ester im Palmfett
Stearinsäure (Oktadekansäure)	$C_{17}H_{35} - COOH$	als Ester im Rindertalg (gr: *stear*, Talg)
Acrylsäure (Propensäure)	$CH_2 = CH - COOH$	(lat: *acer*, sauer, scharf)
Ölsäure (Oktadekensäure)	$C_{17}H_{33} - COOH$	als Ester in Pflanzenölen

Carbonsäuren haben folgende Eigenschaften:

- Die kurzkettigen Carbonsäuren sind gut wasserlöslich.
- Bei der ↗Protolyse (S. 107) von Carbonsäuren stammt das abgespaltene Proton aus der Carboxylgruppe.

$$R-C\overset{O}{\underset{O-H}{\big\langle}} \; + \; H-\overline{O}-H \; \longrightarrow \; H-\overset{\oplus}{\underset{H}{\overline{O}}}-H \; + \; R-C\overset{O}{\underset{O^{\ominus}}{\big\langle}}$$

- Im Allgemeinen sind Carbonsäuren schwache Säuren (↗S. 107). Je länger die Kohlenstoffkette im Molekül ist, desto geringer ist die Wasserlöslichkeit und somit auch die Neigung zur Protolyse.
- Je mehr Carboxylgruppen ein Säuremolekül enthält, desto größer ist die Wasserlöslichkeit und die Säurestärke.

Bei der Reaktion von Carbonsäuren und Alkoholen entstehen Carbonsäureester.

$$R_1-C\overset{O}{\underset{\boxed{O-H}}{\big\langle}} \; + \; \boxed{H}-\overline{O}-R_2 \; \longrightarrow \; R_1-C\overset{O}{\underset{O-R_2}{\big\langle}} \; + \; \boxed{H-\overline{O}-H}$$

Ester sind wasserunlöslich und lassen sich je nach Länge der beiden Kohlenstoffketten in zwei Gruppen einteilen:

- *Fruchtester* sind Ester aus kurzkettigen Alkoholen und Carbonsäuren.
- *Wachse* sind Ester aus langkettigen Alkoholen und Carbonsäuren.

Ester	Struktur	Vorkommen
Ameisensäureethylester (Ethylmethanoat)	$H-C\overset{O}{\underset{O-C_2H_5}{\big\langle}}$	Bestandteil des Rumaromas
Buttersäuremethylester (Methylbutanoat)	$C_3H_7-C\overset{O}{\underset{O-CH_3}{\big\langle}}$	Bestandteil des Ananasaromas
Palmitinsäuremyricylester (Triacontylhexadekanoat)	$C_{15}H_{31}-C\overset{O}{\underset{O-C_{30}H_{61}}{\big\langle}}$	Bienenwachs

Naturstoffe

Als Naturstoffe bezeichnet man solche Stoffe, die zu Nahrungsmitteln und Textilien verarbeitet und genutzt werden.

Dazu gehören zunächst drei große Stoffgruppen, die noch weiter unterteilt werden können:

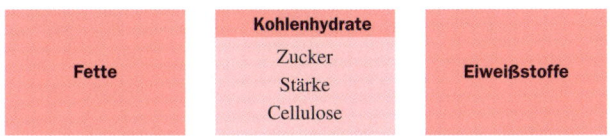

	Kohlenhydrate	
Fette	Zucker Stärke Cellulose	**Eiweißstoffe**

Fette sind dreifache ↗Ester (S. 116) aus unterschiedlich langkettigen Carbonsäuren und Glyzerin, einem Alkohol, dessen Moleküle drei ↗Hydroxylgruppen (S. 113) enthalten. Man nennt diese Fette daher auch *Triglyceride*.

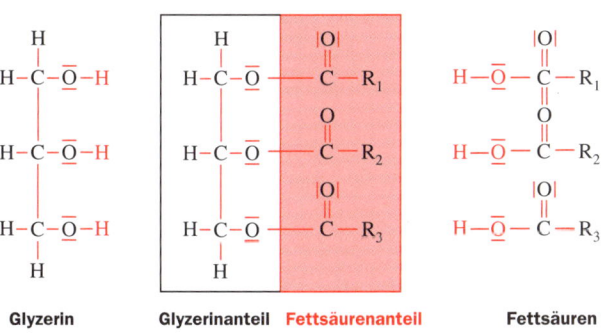

Glyzerin   Glyzerinanteil   Fettsäurenanteil   Fettsäuren

Hinweis: Die in Fettmolekülen veresterten Carbonsäuren bezeichnet man auch als **Fettsäuren**.

Jedes Molekül eines natürlichen Fetts enthält verschiedene Fettsäurereste (*intra*molekulares Gemisch). Weiterhin ist jedes Fett ein Gemisch verschiedener Fettmoleküle (*inter*molekulares Gemisch). Daher können Fette im „festen" Zustand kein ordentliches ↗Molekülgitter (S. 101) bilden.

Kohlenhydrate sind Stoffe mit der allgemeinen Formel

$C_x(H_2O)_y.$ x, y = 1, 2, 3 ...

Von besonderer Bedeutung sind Kohlenhydrate, die aus einer oder mehreren Einheiten mit x = 6 bestehen.

Kohlenhydrate, die aus einer solchen Einheit bestehen und die Formel $C_6H_{12}O_6$ haben, bezeichnet man als *Monosaccharide* oder Einfachzucker.

Glucose (Traubenzucker)   **Galaktose**   **Fructose** (Fruchtzucker)

In wässriger Lösung reagieren diese Moleküle zu ringförmigen ↗Halbacetalen (S. 114).

Glucose (Ringform)   **Fructose (Ringform)**

Aufgrund der im Molekül zahlreich vorhandenen polaren ↗Hydroxylgruppen (S. 103) sind Monosaccharide in Wasser *gut* löslich. Die Lösungen haben einen süßen Geschmack.

Kohlenhydrate, die aus zwei solcher Einheiten bestehen und die Formel $C_{12}H_{22}O_{11}$ haben, bezeichnet man als *Disaccharide* oder *Doppelzucker*.
Bei ihren Molekülen sind zwei Monosaccharide in der Ringform miteinander verknüpft.
Ein Saccharosemolekül entsteht aus der Verknüpfung eines Glucosemoleküls mit einem Fructosemolekül.

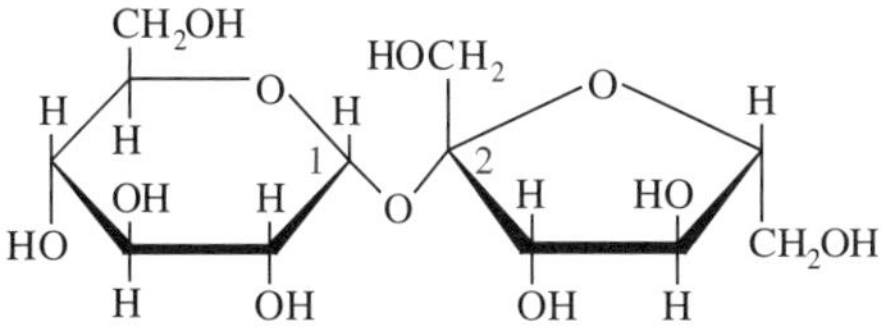

Saccharose (Rohrzucker)

Die Saccharose ist der bekannte Haushaltszucker, der hauptsächlich aus Zuckerrüben gewonnen wird.
Kohlenhydrate, die aus sehr vielen miteinander verknüpften Glucoseeinheiten bestehen, bezeichnet man als *Polysaccharide*. Dazu zählen die *Stärke* mit etwa 100 – 1400 und die *Cellulose* mit mehreren tausend Glucoseeinheiten.

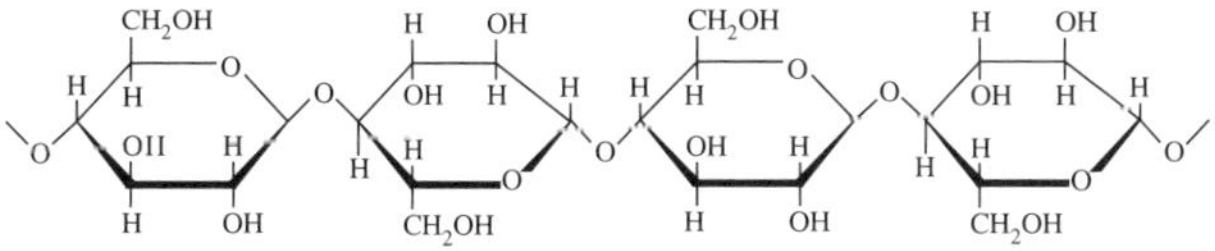

Stärke (Ausschnitt)

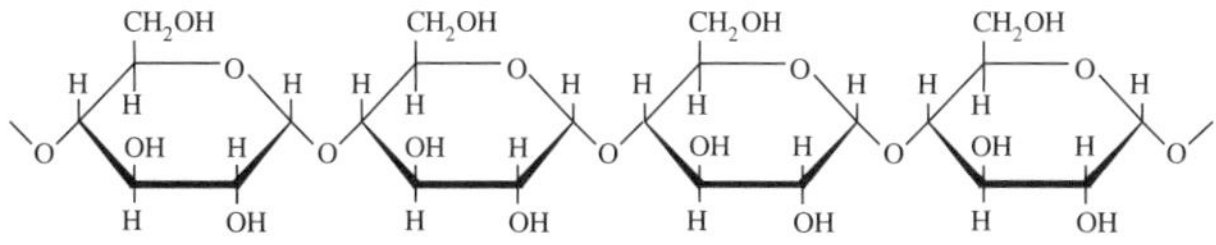

Cellulose (Ausschnitt)

Polysaccharide sind in Wasser unlöslich. Stärke besitzt jedoch die Fähigkeit, in Verbindung mit Wasser zu *quellen*.

Eiweißstoffe

Eiweißstoffe oder *Proteine* sind ähnlich wie die ↗Polysaccharide (S. 119) aus mehreren Einzelbausteinen zusammengesetzt, die miteinander verknüpft sind: den *Aminosäuren*. Aminosäuren sind Carbonsäuren, deren Moleküle außer der ↗Carboxylgruppe (S. 115) noch eine weitere funktionelle Gruppe, die *Aminogruppe*, besitzen.

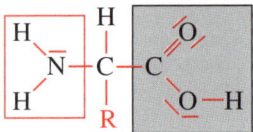

R: Alkylrest
NH_2: Aminogruppe
COOH: Carboxylgruppe

Je nach Art des Alkylrests sind in Eiweißstoffen etwa zwanzig verschiedene Aminosäuremoleküle miteinander verknüpft.

H—CH—COOH
     |
   NH_2
Glycin
	CH_3—CH—CH—COOH
	      | |
	    CH_3 NH_2
	Valin

CH_3—CH—COOH
     |
    NH_2
Alanin
	⬡—CH_2—CH—COOH
	         |
	       NH_2
	Phenylalanin

HO—CH_2—CH—COOH
       |
     NH_2
Serin
	HS—CH_2—CH—COOH
	       |
	     NH_2
	Cystein

Auswahl einiger Aminosäuren

Die Verknüpfung der Aminosäuremoleküle erfolgt durch eine Reaktion zwischen jeweils einer Aminogruppe und einer Carboxylgruppe:

Durch vielfache Verknüpfungen dieser Art von unterschiedlichen Aminosäuren ergibt sich eine Vielzahl von Kombinationen:

Charakteristisch für jede Eiweißart ist die konkrete Aufeinanderfolge verschiedener Aminosäureeinheiten, die so genannte **Aminosäuresequenz**.

Eiweißstoffe werden nach ihrer Löslichkeit in drei Gruppen eingeteilt:

Albumine	in Wasser leicht löslich
Gluboline	in Wasser unlöslich, in Säuren, Laugen und Salzlösungen jedoch löslich
Skleroproteine	unlöslich, haben Faserstruktur und bei Tieren die Funktion einer Gerüstsubstanz

Eine typische Eigenschaft von Eiweiß ist das *Gerinnen* beim Erhitzen oder durch Einwirken von Säuren. Dieser Vorgang ist nicht umkehrbar. Man bezeichnet ihn daher als *Denaturierung*.

Das Glossar enthält in alphabetischer Folge solche Begriffe und Stichworte, die im laufenden Text nicht näher beschrieben bzw. erklärt werden.

Aggregatzustand. Bezeichnung eines Stoffzustandes, entweder der Zustand fest, flüssig oder gasförmig.

Ammoniak NH₃. Stechend riechendes Gas, entsteht bei der Zersetzung von Eiweißstoffen, z. B. von Harn.

Anode. Elektrisch geladener Pol, an dem eine Oxidation stattfindet. Bei einer ↗Elektrolyse ist die Anode der positiv geladene Pol. (↗Kathode).

Dispersion. Fein verteilter fester Stoff in einer Flüssigkeit.

Edelgase. Bestandteile der Luft, die sehr reaktionsträge sind. Zu den Edelgasen gehören Helium, Neon, Argon, Krypton, Xenon und das radioaktive Radon.

Elektrode. Unterschiedlich geformter Gegenstand, der elektrisch geladen ist (↗Anode, ↗Kathode).

Elektrolyse. Zersetzung eines ionischen Stoffs durch den elektrischen Strom (↗Ion).

Elektrolyt. Elektrisch leitender Stoff, der durch elektrischen Strom zersetzt werden kann (↗Elektrolyse).

Emulsion. Feinverteiltes Stoffgemisch aus zwei ineinander nicht löslichen Flüssigkeiten.

Entzündungstemperatur. Temperatur, oberhalb derer sich ein brennbarer Stoff in Anwesenheit von Sauerstoff von selbst entzündet.

Enzym. Ein Eiweißstoff, der die Funktion eines ↗Katalysators besitzt (Biokatalysator).

Flammpunkt. Temperatur, oberhalb derer sich ein brennbarer Stoff beim Annähern einer Flamme entzündet.

Ion. Ein elektrisch geladenes Teilchen.

Ionentauscher. Stoffe, die einem wässrigen Medium (unerwünschte) Ionen entziehen und dafür andere in Lösung geben.

Katalysator. Ein Stoff, der in eine chemische Reaktion eingreift und ihre Geschwindigkeit verändert, ohne dabei selbst „verbraucht" zu werden.

Kathode. Elektrisch geladener Pol, an dem eine Reduktion stattfindet. Bei einer ↗Elektrolyse ist die Kathode der negativ geladene Pol. (↗Anode).

Komplexbildner. Stoffe, die bestimmte, in wässriger Lösung enthaltene Ionen „einhüllen" und damit aus der Lösung entfernen.

Korrosion. Veränderung eines Werkstoffs durch äußere Einflüsse.

Lab. Enthält ein ↗Enzym, das aus dem Magen säugender Kälber gewonnen wird.

Methan CH_4. Brennbares Gas, Hauptbestandteil im Erdgas, entsteht in Abwesenheit von Sauerstoff bei Zersetzung abgestorbener Organismen.

Molekül. Ein Teilchen, bei dem zwei oder mehrere Atome über gemeinsame Elektronenpaare miteinander verbunden sind.

Polarisiertes Licht. Licht, dessen Wellen nur in einer Ebene schwingen.

Proton H^+. Der Atomkern eines Wasserstoffatoms.

Schwefelwasserstoff H_2S. Übelriechendes, giftiges Gas, entsteht bei der Zersetzung von Eiweiß, z. B. in faulen Eiern.

Suspension. Stoffgemisch aus einer Flüssigkeit und einem darin unlöslichen festen Stoff.

van-der-Waals-Kräfte. Schwache Anziehungskräfte zwischen Teilchen.

Viskosität. Die Zähigkeit einer Flüssigkeit. Sie nimmt mit steigender Temperatur ab, mit sinkender Temperatur zu.

Wirkungsgrad. Der prozentuale Anteil von Nutzenergie zur eingesetzten Energie.